बारानी खेती

डॉ. आर.पी. सिंह
भूतपूर्व निदेशक
केन्द्रीय बारानी कृषि अनुसंधान संस्थान
हैदराबाद- 500659

डॉ. एस.के. गुप्ता
भूतपूर्व वैज्ञानिक- 3
केन्द्रीय बारानी कृषि अनुसंधान संस्थान हैदराबाद- 500659

SCIENTIFIC
PUBLISHERS

प्रकाशक

साईन्टिफिक पब्लिशर्स (इण्डिया)

5–ए, न्यू पाली रोड़, पो.बो. नं. 91
जोधपुर – 342 001 (राज.)
टेलिफोन: 0291–2433323
E-mai: info@scientificpub.com
Web: www.scientificpubonline.com

Print 2025

ISBN: 978-81-72330-96-5
eISBN: 978-93-87893-56-6

भारत में मुद्रित

प्रस्तावना

बहुत समय से "बारानी खेती" विषय पर एक पुस्तक की आवश्यकता महसूस की जा रही थी। सन् 1989 में भारतीय कृषि अनुसंधान परिषद् ने इस विषय पर एक तकनीकी पुस्तक प्रकाशित करने का निश्चय किया। उसके फलस्वरूप यह पुस्तक लिखी गई है।

इस पुस्तक में बारानी खेती के बारे में दी गई सूचना वैज्ञानिक आँकड़ों व अनुसंधान द्वारा प्रदत्त प्रमाणों पर आधारित है। हमने यह प्रयास किया है कि इस विषय पर किये गये सभी प्रकार के कार्यों को पाठकों तक पहुँचाया जाये। इन अनुसंधान कार्यों में मुख्यतः केन्द्रीय बारानी कृषि अनुसंधान संस्थान व अखिल भारतीय समन्वित बारानी कृषि अनुसंधान परियोजना के केन्द्रों द्वारा पिछले कई वर्षों तक किए गए अनुसंधान कार्यों को शामिल किया गया है। यह पुस्तक इन अनुसंधान कार्यों को सरल हिन्दी भाषा में प्रस्तुत करती है। इसे मुख्यतः अनुसंधान व स्नातकोत्तर छात्रों के लिये प्रकाशित किया जा रहा है तथापि सरल भाषा में होने के कारण आशा है कि यह पुस्तक स्नातक छात्रों के लिये भी उपयोगी होगी।

हम भारतीय कृषि अनुसंधान परिषद् के आभारी हैं जिन्होंने इस पुस्तक को लिखने का कार्यभार हमें सौंपा। इस पुस्तक को लिखने में डॉ. जे.सी. कत्याल, निदेशक, केन्द्रीय बारानी कृषि अनुसंधान संस्थान द्वारा प्रदत्त सहायता के लिये हम आभारी हैं। अध्याय 1 से 6 तक का संपादन डॉ. विनोद शंकर, वरिष्ठ वैज्ञानिक, भारतीय चारागाह एवं चारा अनुसंधान संस्थान द्वारा सुचारू रूप से किया गया है। हम केन्द्रीय बारानी कृषि अनुसंधान संस्थान व अखिल भारतीय समन्वित बारानी कृषि अनुसंधान परियोजना के उन सभी वैज्ञानिकों के आभारी हैं जिनके द्वारा किये गये कार्यों को इस पुस्तक में शामिल किया गया है। श्री सुरेश कुमार द्वारा पहले चार अध्यायों के लिये प्रदत्त तकनीकी सहायता तथा श्री गजेन्द्र सिंह राठौर द्वारा इस पुस्तक की पांडुलिपी टाइप करने के लिये भी हम आभारी हैं। अध्याय 16 को लिखने के लिये हमने अखिल भारतीय समन्वित बारानी कृषि अनुसंधान परियोजना तथा केन्द्रीय बारानी कृषि अनुसंधान संस्थान के पंचवर्षीय पुनर्निरीक्षण दल द्वारा प्रस्तुत रिपोर्ट को आधार बनाया है जिसके लिये हम इस दल के सदस्यों के आभारी हैं।

इस पुस्तक को हम भारत के लगभग 70 प्रतिशत बारानी कृषि पर निर्भर किसानों को समर्पित करते हैं तथा आशा करते हैं कि उनकी उन्नति के प्रयासों में लगे अनुसंधान-कर्मियों व छात्रों के लिये यह उपयोगी सिद्ध होगी।

राजेन्द्र पाल सिंह

नवम्बर, 1994 **सुरेश कुमार गुप्ता**

अनुक्रमणिका

अध्याय –1

भारत में बारानी खेती-समस्यायें व महत्व

भारत एक कृषि-प्रधान देश है। इसके लगभग 14.3 करोड़ हैक्टेयर भूभाग पर खेती की जाती है। मात्र 30 प्रतिशत भूभाग के लिये ही सिंचाई के साधन उपलब्ध हैं, शेष 70 प्रतिशत भूमि पर खेती वर्षा पर निर्भर है। स्वतन्त्रता प्राप्ति के उपरांत भारत सरकार ने सिंचाई के साधन बढ़ाने पर बहुत ध्यान दिया है। सन् 1950-51 में भारत का कुल सिंचित क्षेत्र जो मात्र 2.2 करोड़ हैक्टेयर था, अब यह बढ़ कर 6.5 करोड़ हैक्टेयर हो गया है। आशा है, आगामी सन् 2025 तक देश का कुल सिंचित क्षेत्र 11 करोड़ हैक्टेयर हो जायेगा। फिर भी कुल खेती योग्य भूमि का लगभग आधा हिस्सा असिंचित क्षेत्र अर्थात् वर्षा पर ही निर्भर रहेगा। उपरोक्त परिदृश्य से बारानी खेती का महत्व स्वत: स्पष्ट हो जाता है। इससे भी अधिक महत्वपूर्ण बात यह है कि बारानी खेती के विकास और उसकी सफलता से ही भारत की अर्थ-व्यवस्था में मजबूती और सुधार लाया जा सकता है।

1. बारानी क्षेत्रों की समस्यायें

भारतीय बारानी क्षेत्र पश्चिमी देशों के बारानी क्षेत्रों से सर्वथा भिन्न हैं। भारत जैसे ऊष्ण जलवायु वाले देश में बारानी क्षेत्रों की समस्यायें अनेक और जटिल भी हैं। सबसे बड़ी समस्या, जो हर समस्या की जड़ है, जनसंख्या और उसमें उत्तरोत्तर वृद्धि का होना है। यह समस्या पश्चिमी देशों में नहीं के बराबर है। दूसरी बड़ी समस्या भारतीय बारानी क्षेत्रों के अधिकांश कृषकों की आर्थिक स्थिति दयनीय होना है। जनसंख्या के अधिक दबाव तथा बार-बार की जाने वाली खेती के कारण बारानी क्षेत्र की मिट्टी में आवश्यक पोषक तत्वों की कमी आ गयी है तथा उसकी उपज बहुत कम हो गई है। रासायनिक खाद द्वारा पोषक तत्वों की कमी को पूरा करने की क्षमता इन क्षेत्रों के गरीब किसानों में नहीं है। अत: अच्छी वर्षा होने के उपरान्त भी फसल उतनी नहीं हो पाती जितनी सामान्यतया पैदा की जा सकती है।

बारानी क्षेत्रों की तीसरी बड़ी समस्या वर्षा की अनिश्चित स्थिति है। वर्षा न केवल अपर्याप्त होती है अपितु उसका वितरण भी असमान है। कई बार तो वर्षा किसानों से इस तरह आँख-मिचौनी का खेल खेलती है कि किसान अपने आपको कठिनाइयों के बीच घिरा हुआ पाते हैं। उससे उबरने का उन्हें कोई रास्ता नहीं मिलता। भारत में वर्षा की समस्या इतनी अधिक है कि किसी-किसी वर्ष तो अनाज व चारे की कमी या अकाल की स्थिति हो जाती है। प्राकृतिक आपदाओं के कारण फसलों का नष्ट होना खेती के लिये सबसे बड़ा

अभिशाप है । इससे किसानों की हिम्मत टूटती है तथा वह भविष्य में जोखिम उठा कर नई तकनीकों को अपनाने में हिचकिचाहट व्यक्त करता है ।

भारत में वर्षा का मुख्य मौसम जून से लेकर सितम्बर तक होता है । यह वर्षा चक्रवातों द्वारा आती है जो कि बंगाल की खाड़ी व अरब सागर से उठते हैं । इस प्रकार की वर्षा को मानसून कहते हैं । बीच-बीच में सूखा व बाढ़ आना भारत के मानसूनी मौसम की विशेषता है। भारत के किसी प्रदेश में कभी बारानी क्षेत्रों में सूखा की घोषणा होती है, तभी अन्य प्रदेशों में कई क्षेत्र बाढ़ की चपेट में भी होते हैं । कितनी बड़ी विडम्बना है कि बारानी क्षेत्रों के किसानों को उस वर्षा पर विश्वास करना पड़ता है जो अनिश्चित और अविश्वसनीय है ।

2. मुख्य फसलें

अनाज, तिलहन, दलहन इत्यादि की कई फसलें बारानी क्षेत्रों में उगाई जाती हैं । गेहूँ की फसल करीब 2.3 करोड़ हैक्टेयर भूमि पर हर साल बारानी क्षेत्रों में उगायी जाती है जो कि गेहूँ के कुल क्षेत्रफल का 35 प्रतिशत है । इसी तरह से जौ की बारानी खेती लगभग 15 लाख हैक्टेयर भूमि पर की जाती है । मानसून के मौसम में मुख्यत: ज्वार, बाजरा, मक्का, रागी व धान की खेती बारानी क्षेत्रों में की जाती है । देश में धान की खेती का करीब 20 प्रतिशत क्षेत्रफल पूर्णत: वर्षा पर ही निर्भर करता है । फिर भी बारानी क्षेत्रों की मुख्य अनाज की फसलें दो ही हैं—ज्वार व बाजरा । ये फसलें उन्हीं क्षेत्रों में उगाई जाती हैं जहाँ कि सिंचाई के साधन न होने के बराबर हैं । ज्वार की खेती लगभग एक करोड़ हैक्टेयर भूमि पर होती है जबकि बाजरा लगभग 1.3 करोड़ हैक्टेयर में उगाया जाता है ।

देश की प्रमुख तिलहनी फसलों जैसे कि मूँगफली, सरसों, तिल, कुसुम, सोयाबीन, अरन्डी व सूरजमुखी की फसल वर्षा पर ही निर्भर करती है तथा उनकी खेती मुख्यत: बारानी क्षेत्रों में ही की जाती है । मूँगफली की लगभग 85 प्रतिशत फसल बारानी क्षेत्रों में ही होती है । तिल की खेती सम्पूर्ण रूप से वर्षा पर ही निर्भर करती है तथा जब मानसून की वर्षा समाप्त होती है, तब नमी की कमी से, इसकी उपज बहुत ही प्रभावित होती है । इसी तरह सोयाबीन तथा सूरजमुखी की खेती भी मानसून पर ही निर्भर है तथा अगर मानसून पहले ही खत्म हो जाये तो एक सिंचाई के बिना अच्छी फसल की आशा नहीं की जा सकती । असिंचित बारानी क्षेत्रों में उपज काफी कम हो जाती है । भारत में मूँगफली, सोयाबीन व सूरजमुखी क्रमश: 75, 9 व 8.9 लाख हैक्टेयर में उगाये जाते हैं । रामतिल करीब 6 लाख हैक्टेयर भूमि पर उगाया जाता है तथा इसका सम्पूर्ण क्षेत्र बारानी है । यह फसल सूखे से प्रभावित क्षेत्रों में भी अच्छी उपज देती है । अरन्डी की खेती लगभग 5 लाख हैक्टेयर भूमि पर होती है, तथा बारानी क्षेत्रों के लिये यह अति उपयोगी फसल है । सरसों, तोरिया व तारामीरा करीब 43 लाख हैक्टेयर भूमि पर उगाये जाते हैं । ये फसलें काफी हद तक वर्षा पर ही निर्भर करती हैं तथा इनके उत्पादन में सर्दियों के मौसम की वर्षा का बहुत महत्व है । हिसार में किये गये अनुसंधान से पता चला है कि सरसों के 10 वर्ष के उत्पादन के दौरान दो वर्षों में कम

फसल होने का मुख्य कारण कम नमी का होना ही था । कुसुम की खेती भी मुख्यत: बारानी क्षेत्रों में ही होती है तथा यह फसल भारत में 7.5 लाख हैक्टेयर भूमि पर उगाई जाती है ।

भारत में खरीफ की दलहनी फसलों में अरहर प्रमुख है तथा इसकी खेती 28.5 लाख हैक्टेयर भूमि पर होती है । मुख्यत: इसे बारानी क्षेत्रों में ही उगाया जाता है परन्तु बहुत हल्की जमीनों में फलियाँ बनने के समय पर नमी की बहुत कमी आ जाती है तथा उपज कम हो जाती है । खरीफ में उगाये जाने वाली दलहनों में लोबिया, मूंग, उड़द, कुलथी व मोंठ हैं जो कि बारानी क्षेत्रों में बोयी जाती हैं । इनका क्षेत्रफल क्रमश: लगभग 5, 27, 27, 20 व 3 लाख हैक्टेयर है । ये फसलें कम अवधि में तैयार होने के गुण के कारण बारानी खेती के लिये उपयुक्त हैं । रबी के मौसम में उगाई जाने वाली दलहनों में दो, चना व मसूर, प्रधान फसलें हैं । पूरे संसार में उगाई जाने वाली चने की फसल का 75 प्रतिशत क्षेत्र भारत में है, जो कि लगभग 73 लाख हैक्टेयर है । इसका करीब 85 प्रतिशत पूर्णत: बारानी है । मसूर का क्षेत्रफल कम है पर इसकी खेती भी बारानी क्षेत्रों में ही होती है ।

कपास भारत में करीब 80 लाख हैक्टेयर भूमि पर पैदा की जाती है तथा इसका 55 प्रतिशत क्षेत्रफल महाराष्ट्र, कर्नाटक व मध्य प्रदेश में जहाँ इसकी 90-95 प्रतिशत खेती बारानी क्षेत्र में ही होती है ।

उपरोक्त फसलों के अतिरिक्त बारानी जमीनों पर बागवानी भी की जाती है । फलों के वृक्ष जैसे कि बेर, सीताफल (शरीफा), अनार, अमरूद, इमली, आम, आँवला, फालसा व जामुन इत्यादि के बाग बारानी क्षेत्रों में लगाये जाते है । करौंदे की बाढ़ भी खेतों के इर्द-गिर्द देखने को मिलती है । सिवाय आम, अमरूद, अनार व जामुन के इन फलदार वृक्षों को पूर्ण रूप से असिंचित क्षेत्रों में ही लगाया जाता है । आम, अमरूद, अनार व जामुन के बागों में भी बहुत कम क्षेत्र ऐसा है जहाँ कि सिंचाई का प्रबन्ध है, अन्यथा इनकी खेती व उपज वर्षा पर ही निर्भर करती है ।

बारानी क्षेत्रों की ऐसी जमीन जहाँ पर न तो फसल ही उगाई जा सकती है तथा न ही बागवानी की जा सकती है, पशुओं के चराई क्षेत्र के रूप में काम आती है । इन क्षेत्रों के पशु इन ऊबड़-खाबड़, पथरीली व बंजर जमीनों पर उगने वाले खरपतवार, घास, पेड़ों व झाड़ियों के पत्तों को खाकर अपना पेट भरते हैं । सूखे के दिनों में तो इन पशुओं को चारे की भयंकर कमी का सामना करना पड़ता है तथा बहुत से पशु मर जाते हैं व जो जिन्दा रहते हैं उनकी दूध व माँस देने की क्षमता बहुत ही क्षीण हो जाती है । इस तरह से बारानी क्षेत्रों के किसानों के लिये चारे एवम् चरागाहों की उत्पादन क्षमता का बहुत महत्त्व है । वर्तमान समय में पशुधन के अधिक दबाव की वजह से चरागाहों की चराई क्षमता बहुत कम हो गई है तथा निरन्तर चराई से उनकी वानस्पतिक सम्पदा बहुत कम हो गयी है । ईंधन की बढ़ती हुई आवश्यकता के कारण पेड़ भी बहुत कम हो गये हैं । केवल वही झाड़ियां अक्सर देखने को मिलती हैं, जिनके पत्ते पशु नहीं खाते हैं । घास व पेड़ कम हो जाने के कारण बरसात के मौसम में भूमि कटाव होता है व ऊपर की उपजाऊ मिट्टी बह जाती है । इस तरह से हर वर्ष पशुओं के लिये

चारे की कमी तो बढ़ती ही ज़ाती है, साथ ही साथ पर्यावरण को भी नुकसान पहुँचता है।

3. भारत में बारानी खेती पर किये गये अनुसंधान का इतिहास

भारत में बारानी खेती की समस्याओं के निदान के लिये सन् 1923 में कार्य शुरू हुआ, जब बम्बई प्रांत के कृषि निदेशक डॉ. एच.एच. मान ने इस दिशा में अनुसंधान का बीड़ा उठाया। बाद में यह कार्य मृदा भौतिकी वैज्ञानिक डॉ. वी.ए. ताम्हने, पूणे के निकट मंजरी फार्म पर, प्रारम्भ किया। तथा सन् 1926 में डॉ .एन.वी. कानितकर ने इसे आगे बढ़ाया। उन्होंने महसूस किया कि यह समस्या बहुत बड़ी तथा जटिल है जिसमें कि वर्षा के पानी के निकास, मृदा के गुणों, पौधों की जलावश्यकता आदि समस्यायें निहित हैं। उन्होंने एक बड़े पैमाने की परियोजना की सलाह दी जो कि भारतीय कृषि अनुसंधान परिषद् ने स्वीकार की। यह योजना देश के पाँच केन्द्रों, शोलापुर, बीजापुर, हगारी, रायपुर व रोहतक में शुरू हुई। शोलापुर व बीजापुर में सन् 1933 में, हगारी व रायपुर में सन् 1934 व रोहतक में सन् 1935 में कार्य प्रारम्भ हुआ। दस वर्ष के अनुसंधान के बाद हर क्षेत्र के लिये बारानी खेती की उन्नत तकनीकें सुझाई गईं। इन तकनीकों में प्रमुख थीं :—

1. मृदा व जलसंरक्षण की तकनीकें जैसे कि हर तीन साल में गहरी जुताई व कन्टूर-बन्डींग।
2. हर तीन साल में कम से कम एक बार गोबर की खाद डालना।
3. उन्नत किस्मों का बीज बोना ।
4. कतारों में दूरी बढ़ाना।
5. कम बीज की मात्रा का इस्तेमाल करना।
6. खरपतवार पर गुड़ाई व निराई से निगंत्रण करना।
7. मिलवाँ खेती करना, तथा
8. उचित फसल चक्र अपनाना।

इन तकनीकों से उपज में 15 से 20 प्रतिशत की वृद्धि सम्भव हुई परन्तु फिर भी बारानी खेती को इतना महत्व नहीं मिला क्योंकि सिंचित क्षेत्रों में उपज में वृद्धि इसके मुकाबले कहीं ज्यादा थी। स्वतन्त्रता के बाद सन् 1954 में 8 जगहों पर मृदा संरक्षण अनुसंधान केन्द्र बनाये गये जो कि देहरादून, आगरा, चन्डीगढ़, कोटा, वासद, बेलारी, इब्राहिमपटनम (हैदराबाद) व उटकमन्ड में स्थित थे। इन केन्द्रों की स्थापना से बारानी खेती पर अनुसंधान की आवश्यकता को बल मिला। तीसरी पंचवर्षीय योजना में इस विषय पर सोचा गया, पर इस पर कार्य चौथी योजना के दौरान ही शुरू हुआ जब कि 18 जून, 1970 को अखिल भारतीय बारानी खेती अनुसंधान परियोजना को 23 केन्द्रों पर शुरू किया गया। सन् 1985 में केन्द्रीय बारानी खेती अनुसंधान संस्थान, हैदराबाद की स्थापना हुई तथा यहाँ पर किये गये अनुसंधानों से ऐसी बहुत सी विकसित तकनीकें उभर कर आई हैं, जो भारत में बारानी खेती की उपज बढ़ाने में लाभदायक सिद्ध हो रही हैं।

बारानी क्षेत्रों के इतिहास का सर्वेक्षण करने से पता चलता है कि भूतकाल में अकाल पड़ने की समस्या से जूझने का कोई उपाय नहीं था, सिवाय इसके कि उन क्षेत्रों में कुछ राहत सामग्री पहुँचा दी जाती थी। इस समस्या से उबरने का रास्ता आज का बारानी कृषि पर चल रहा अनुसंधान कार्य ढूँढ़ रहा है। जहाँ कि पहले यह सोचा जाता था कि इसका समाधान केवल सिंचाई के साधन उपलब्ध कराने से ही हो सकता है, वहाँ यह भावना जोर पकड़ती जा रही है कि हमें इस समस्या से निपटते हुए बारानी कृषकों का जीवन-स्तर सुधारने के तरीके भी खोजने होंगे। वैज्ञानिक बारानी खेती की उन्नत तकनीकों, प्राकृतिक सम्पदाओं, विशेषकर जमीन की नमी के सर्वोत्तम उपयोग पर आधारित है।

वर्ष 1973-74 से रबी के मौसम में अखिल भारतीय बारानी कृषि अनुसंधान परियोजना के विभिन्न केन्द्रों पर परम्परागत खेती के तरीकों व वैज्ञानिक तरीकों से उन्नत तकनीकों को अपनाने पर होने वाली उपज में अन्तर का पता किया गया, जो कि तालिका-1 में दिया गया है। इस तालिका के सर्वेक्षण से पता चलता है कि उस समय की उन्नत तकनीकों को अपनाने से उपज में कई गुना वृद्धि हुई। अगर हम सभी फसलों का अनुपात निकालें तो यह वृद्धि करीब तीन गुना थी तथा कई फसलों जैसे कि ज्वार, जौ में 6 गुना थी।

तालिका-1. उन्नत तकनीकी से खेती करने पर विभिन्न फसलों की पैदावार (क्विंटल प्रति हैक्टेयर) पर अन्तर

परियोजना केन्द्र	फसल	परम्परागत ढंग से खेती	उन्नत तकनीक से खेती
शोलापुर	ज्वार	1.6	9.8
बेलारी	ज्वार	7.3	31.1
देहरादून	गेहूँ	8.0	22.8
लुधियाना	गेहूँ	9.0	24.1
रांची	जौ	3.7	19.0
आगरा	सरसों	6.3	13.6
शोलापुर	कुसुम	6.2	11.7
शोलापुर	चना	10.7	17.2
		6.6	18.7

अध्याय — 2

फसल उत्पादन का वातावरण

किसी भी क्षेत्र के लिये उपर्युक्त फसलों व उनकी प्रजातियों का चुनाव करने से पहले उस क्षेत्र में फसल उत्पादन के पर्यावरण को समझना आवश्यक है । बारानी क्षेत्रों के लिये तो पर्यावरण विश्लेषण अत्यन्त महत्वपूर्ण है क्योंकि उन क्षेत्रों में फसल पूर्णत: प्रकृति पर ही निर्भर होती है । प्रकृति पर अधिकाधिक निर्भरता ही इन क्षेत्रों में अप्रत्याशित कृषि उपज का प्रमुख कारण है । पर्यावरण से अभिप्राय है, क्षेत्र की जलवायु, मृदा की किस्में, वर्षा व जल उपलब्धि और किसानों के पास उपलब्ध संसाधन । इस अध्याय में जलवायु के आधार पर भारत के विभिन्न क्षेत्रों के वर्गीकरण पर चर्चा करने के पश्चात् वर्षा व उसके वितरण के बारे में विवरण दिया गया है । इसके बाद विभिन्न क्षेत्रों की मृदाओं व उनके गुणों के बारे में चर्चा की गयी है । बारानी क्षेत्रों की मुख्य फसलें व इन क्षेत्रों में किसानों की सम्पदा का भी वर्णन किया गया है ।

1. जलवायु

बहुत सी विपदायें जैसे कि आँधियाँ, सूखी गर्म हवायें, ओला वृष्टि इत्यादि फसलों को नष्ट कर देती हैं । समय से पूर्व ही मानसून के वापिस चले जाने से फसलें सूख जाती हैं। इसलिये जलवायु का अध्ययन बहुत ही आवश्यक है । किसी भी स्थान की जलवायु उस क्षेत्र के हवा के दबाव पर निर्भर करती है क्योंकि इसी से गर्मी व नमी का अनुपात घटता या बढ़ता है । किसी भी क्षेत्र में ऊष्मा व नमी एक दूसरे पर निर्भर होते हैं तथा इन दोनों से ही उस क्षेत्र के जलवायु का मूल्यांकन किया जाता है ।

जलवायु के आधार पर क्षेत्रों के विभाजन की कई पद्धतियाँ हैं । इनमें से कुछ हैं :—

1. उद्वाष्पोत्सर्जन
2. वृष्टि—प्रभाव सूचकांक, एवम्
3. आर्द्रता सूचकांक । इन पद्धतियों का विवरण थार्नथ्वाइट (1931, 1948) व थार्नथ्वाइट एवम् माथर (1955) द्वारा किया गया है ।

मौसम विभाग द्वारा पूरे भारत को वर्षा के आधार पर 15 मुख्य भागों में व 32 अनुभागों में बाँटा गया है । कृषि जलवायु के हिसाब से यह बंटवारा उपयुक्त नहीं है क्योंकि इससे हम सम्पूर्ण जलवायु के आधार पर खण्डों में विभाजन नहीं कर सकते ।

थार्नथ्वाइट की पद्धति के अनुसार भारत की जलवायु को छ: आर्द्रता क्षेत्रों में बाँटा गया है जो कि शुष्क, अर्ध-शुष्क, शुष्क-अर्धआर्द्र, आर्द्र व अति आर्द्र हैं । एक वैज्ञानिक ने देश को 10 जलवायु क्षेत्रों में, आर्द्रता के आधार पर, बाँटा है परन्तु केवल आर्द्रता के आधार

पर किये गये ये विभाजन सही नहीं पाये गये । पेनमैन (1948) द्वारा किये गये तरीके से शवम् उद्वाष्पोत्सर्जन का अनुमान लगाने के उपरान्त आर्द्रता सूचकांक तथा औसत तापमान पर आधारित 8 खण्ड सुझाये गये हैं । ये आठ खण्ड इस प्रकार हैं :–

खण्ड	आर्द्रता सूचकांक	जलवायु की किस्म
1.	–80 से भी कम	अत्यधिक शुष्क
2.	– 60 से – 80	अर्ध शुष्क
3.	– 40 से - 60	शुष्क
4.	–20 से –40	कुछ शुष्क
5.	0 से 20	कुछ आर्द्र
6.	0 से 50	आर्द्र
7.	50 से 100	अति आर्द्र
8.	100 से अधिक	अत्यधिक आर्द्र

यह आर्द्रता सूचकांक निम्नलिखित सूत्र पर आधारित था ।

$$\text{एम.आई.} = \frac{\text{पी—पी ई}}{\text{पी ई}} \times 100$$

इस सूत्र में—

एम.आई. = आर्द्रता सूचकांक

पी = वर्षा

पी ई = उद्वाष्पोत्सर्जन

इन खण्डों पर पाँच खण्ड वाले तापमान पर आधारित विभाजन का समायोजन किया गया । ये पाँच खण्ड हैं:—

क. 28 डिग्री सेल्सियस या अधिक

ख. 25-28 डिग्री सेल्सियस

ग. 20-25 डिग्री सेल्सियस

घ. 10-20 डिग्री सेल्सियस

ङ. 10 डिग्री सेल्सियस से कम

आर्द्रता सूचकांक पर आधारित आठ खण्डों का विवरण इस प्रकार है:—

खंड—1. यह सबसे शुष्क क्षेत्र है तथा इसके दो हिस्से हैं—1. लद्दाख का अति शुष्क व ठण्डा क्षेत्र, 2. राजस्थान का पश्चिमी हिस्सा व कच्छ का गर्म इलाका ।

खंड—2. दक्षिणी पंजाब व हरियाणा से होता हुआ सौराष्ट्र तक फैला यह क्षेत्र रायल

सीमा व बेलारी बीजापुर तक है ।

खंड—3. उत्तरी पंजाब से आंध्र प्रदेश के अनन्तपुर जिले तक फैले इस क्षेत्र में पश्चिमी उत्तर प्रदेश, पूर्वी राजस्थान, गुजरात व दक्षिणी पठार के इलाके हैं ।

खंड—4. पूर्वी पंजाब, पूर्वी हरियाणा, पश्चिमी उत्तर प्रदेश, पश्चिमी मध्यप्रदेश, उत्तर पूर्वी महाराष्ट्र, पूर्वी आंध्र प्रदेश व दक्षिणी उड़ीसा इस खण्ड के अन्तर्गत आते हैं ।

खंड—5. खण्ड 4 के उत्तर में स्थित यह हिस्सा मध्यवर्ती मध्यप्रदेश, दक्षिणी बिहार, उड़ीसा व पश्चिमी बंगाल तक फैला है । इसमें तमिलनाडू के तन्जोर व दक्षिणी ऑरकट जिले भी आते हैं ।

खंड—6. इस खण्ड के तीन हिस्से हैं—पहला मध्य प्रदेश में नरसिंहपुर से बस्तर तक, दूसरा छोटा नागपुर का पठार व तीसरा मध्य आसाम ।

खंड—7. रत्नागिरी से तिरूअनन्तपुरम तक का पश्चिमी तट, उत्तरी भारत की पहाड़ियाँ व आसाम का कुछ इलाका इस खण्ड के अन्तर्गत आता है ।

खंड—8. यह सबसे आर्द्र खण्ड है । इसमें आसाम की दक्षिणी व उत्तरी पहाड़ियाँ, उत्तर प्रदेश, जम्मू कश्मीर व हिमाचल प्रदेश की पहाड़ियाँ व पश्चिमी घाट के कुछ इलाके आते हैं ।

हाल ही में वर्षा, तापमान, मृदा, फसलें व जल सम्पदाओं के अनुसार योजना आयोग ने भारत को 15 कृषि जलवायु क्षेत्रों में विभाजित किया है ।

ये क्षेत्र इस प्रकार हैं :—

1. पश्चिमी हिमाचल क्षेत्र
2. पूर्वी हिमाचल क्षेत्र
3. निचला गंगाई मैदान
4. मध्य गंगाई मैदान
5. उत्तरी गंगाई मैदान
6. गंगा का पश्चिमी मैदान
7. पूर्वी पठार व पहाड़ियाँ
8. मध्य पठार व पहाड़ियाँ
9. पश्चिमी पठार व पहाड़ियाँ
10. दक्षिणी पठार एवम् पहाड़ियाँ
11. पूर्वी तटवर्ती मैदान व पहाड़ियाँ
12. पश्चिमी तटवर्ती मैदान व पहाड़ियाँ

13. गुजरात के मैदान व पहाड़ियाँ
14. पश्चिमी शुष्क क्षेत्र
15. द्वीप समूह क्षेत्र

उपरोक्त विभाजन से स्पष्ट है कि क्षेत्र संख्या 5 से 10 व 13 और 14 में बारानी खेती पर निर्भरता बहुत अधिक है ।

2. बारानी क्षेत्रों की मृदायें

मृदाओं का मुख्यत: दो वर्गों : हल्की व भारी मृदाओं के रूप में किया जा सकता है। इन मृदाओं के मुख्य गुण तालिका 2.1 व 2.2 में वर्णित हैं ।

बारानी क्षेत्रों की भूमि न केवल सूखी व प्यासी है, वरन उनमें पोषक तत्वों की भी कमी है । आम तौर पर उनमें नत्रजन एवम् फास्फोरस की कमी पायी जाती है । कुछ बहुत हल्की जमीनों को छोड़ कर, इन क्षेत्रों की भूमि में पोटेशियम की कमी भी अक्सर पायी जाती है । बहुत सी उन जमीनों में जो कि अम्लीय हैं, कैल्शियम की कमी को महसूस किया गया है । आम तौर पर हल्की जमीनों में, कई इलाकों में जिंक (जस्ता) की कमी भी होती है ।

बार-बार भूमि कटाव के कारण इन जमीनों में पोषक तत्वों की कमी ही कम उपज का कारण है । नाइट्रोजन की कमी तो अक्सर देखने को मिलती है तथा नाइट्रोजन को रासायनिक खाद के रूप में देने से अधिक फसल उत्पादन प्राप्त किया गया है ।

बारानी क्षेत्रों में विभिन्न प्रकार की मृदायें पायी जाती हैं, जिनमें से मुख्यत: निम्नलिखित हैं:—

1. अल्फीसोल
2. आक्सीसोल
3. इन्सेप्टीसोल
4. बर्टिसोल
5. एरिडीसोल
6. वर्टिक इन्सेप्टीसोल

उपरोक्त विभिन्न प्रकार की मृदाओं को ध्यान में रखते हुए अखिल भारतीय बारानी कृषि अनुसंधान परियोजना के केन्द्रों की स्थापना की गयी थी । इन केन्द्रों में जो परीक्षण हुए, उनके परिणामस्वरूप इन मृदाओं के भौतिक व रासायनिक गुणों का पता चला ।

तालिका – 2.1 : हल्की व भारी मिट्टी के गुण

गुण	हल्की मिट्टी	भारी मिट्टी
1. गहराई	उथली से गहरी तक	सामान्य गहरी से बहुत गहरी तक
2. गठन	बलुई से दोमट तक	चिकनी दोमट से चिकनी तक

3. नमी का सोखना	तेज	धीरे
4. प्राप्य नमी	निम्न से मध्यम तक	मध्यम से उत्तम तक
5. रासायनिक प्रभाव	साधारण से अम्लीय तक	क्षारीय
6. पानी का निकास	उत्तम	निम्न
7. भूमि कटाव	मध्यम	बहुत अधिक
8. लवणीयता	थोडी सी	मध्यम से बहुत अधिक तक
9. उपज क्षमता	निम्न	मध्यम
10. ढलान	मध्यम	साधारण व लम्बी

तालिका – 2.2 : भारतीय शुष्क क्षेत्रों की मृदा वर्गों के गुण

मृदा वर्ग	पी.एच.	औरगेनिक कार्बन	फास्फोरस (कि.ग्रा./है.)	पोटाश (कि.ग्रा./है.)	अन्य पोषक तत्वों की कमी
अल्फीसोल	6.0 – 7.0	0.25-0.30	10–15	150–200	जिंक
	5.5 – 6.5	0.50-0.75	8–12	180–250	सल्फर
आक्सीसोल	5.0 – 6.0	0.30-0.45	10–25	200–435	कैल्शियम
इन्सेप्टीसोल	7.5 – 8.0	0.20-0.38	15–25	250–300	—
बर्टिसोल	7.8 – 8.5	0.20-0.35	20–240	500–800	—
एरिडीसोल	7.5 – 8.0	0.15-0.22	12–18	280–400	जिंक
	7.5 – 8.0	0.50-0.70	25–30	350–425	—
वर्टिक इन्सेप्टिसोल	7.5 – 8.5	0.40-0.60	8–15	500–650	सल्फर

तालिका 2.2 देखने से पता चलता है कि इन मृदाओं में ऑरगेनिक कार्बन कम है। साथ ही इनमें प्राप्त होने वाले फास्फोरस की मात्रा भी कम है। पोटाश की मात्रा मध्यम है तथा मिट्टी की पी.एच. साधारण है। बहुत सी मृदाओं में जिंक, सल्फर या कैल्शियम की कमी है।

मोटे तौर पर हम इन क्षेत्रों को फसल उत्पादन, मिट्टी की किस्म व फसल की ऋतु के अनुसार निम्नलिखित तरीके से भी विभाजित कर सकते हैं:—

1. काली मिट्टी वाले रबी क्षेत्र
2. काली मिट्टी वाले खरीफ क्षेत्र
3. काली मिट्टी वाले रबी व खरीफ क्षेत्र

4. लाल मिट्टी के क्षेत्र
5. जलोढ मिट्टी के क्षेत्र
6. सिरोजम मिट्टी के क्षेत्र

इन क्षेत्रों के गुण इस प्रकार हैं :—

1. काली मिट्टी वाले रबी क्षेत्र :—

देश के दक्षिणी भाग में पाये जाने वाली इन मृदाओं की जल-शोषण क्षमता बहुत कम होने पर इनमें दरारें पड़ जाती हैं । इस क्षेत्र में अखिल भारतीय बारानी कृषि परियोजना के बेलारी, बीजापुर व शोलापुर केन्द्र स्थित हैं ।

2. काली मिट्टी वाले खरीफ क्षेत्र:—

महाराष्ट्र व सौराष्ट्र की इन भूमियों में जल शोषण क्षमता मध्यम स्तर की है । इन इलाकों में फसल की बढ़वार के समय में कई बार सूखा पड़ता है । कभी-कभी खेत जलमग्न हो जाते हैं । वर्षा बहुत ही अनिश्चित है । इन क्षेत्रों में अकोला, राजकोट व कोविलपट्टी नामक स्थानों पर अनुसंधान केन्द्र बनाये गये हैं ।

3. काली मिट्टी वाले रबी व खरीफ क्षेत्र:—

इन क्षेत्रों में पश्चिमी मध्य प्रदेश व दक्षिणी राजस्थान की भूमि का वर्गीकरण किया गया है । इन मृदाओं की गहराई काफी है । भारी मिट्टी होने की वजह से ये जमीनें दो फसलें पैदा करने के लिये काफी नमी सोख लेती हैं तथा फसलों को नष्ट नहीं होने देती हैं लेकिन एक बार वर्षा के प्रारम्भ होने के बाद इनमें कार्य करना कठिन हो जाता है तथा पानी एकत्र भी हो जाता है । इस क्षेत्र में इन्दौर, रीवा व उदयपुर में केन्द्र स्थापित किये गये हैं ।

4. लाल मिट्टी वाले क्षेत्र:—

इन क्षेत्रों को दो हिस्सों में बाँटा जा सकता है:—

[अ] अर्ध नमी वाले क्षेत्र—

उड़ीसा, दक्षिणी उत्तर प्रदेश व उत्तरी मध्य प्रदेश की भूमि इस क्षेत्र में आती है । जमीन ऊबड़-खाबड़ है । निचले क्षेत्रों में काली मिट्टी भी पायी जाती है । कई इलाकों में खरीफ की एक ही फसल हो पाती है । परन्तु काली मिट्टी वाले इलाकों में दो फसलें भी प्राप्त हो सकती हैं । वर्षा उपरान्त पपड़ी बनने की समस्या बहुत ही गंभीर है । इस क्षेत्र के लिये रांची, भुवनेश्वर व झाँसी में अनुसंधान केन्द्र स्थापित किये गये हैं ।

[ब] अर्ध-शुष्क क्षेत्र—

आंध्र प्रदेश व कर्नाटक के इन क्षेत्रों में हल्की मिट्टी पाई जाती है । वर्षा उपरान्त पपड़ी बनने की समस्या इस क्षेत्र में भी है । इन मृदाओं में फास्फोरस की काफी कमी है । अनन्तपुर,

हैदराबाद व हैबल में अखिल भारतीय बारानी खेती परियोजना के केन्द्र अनुसंधान कार्यरत हैं।

5. जलोढ मृदा वाले क्षेत्र:–

उत्तरी भारत के इस क्षेत्र में बलुई दोमट मिट्टी पायी जाती है । कुछ इलाकों में दोमट या चिकनी दोमट मिट्टी भी होती है । ये मृदायें काफी गहरी हैं । इनमें पानी एकत्र होने की समस्या नहीं है । आगरा तथा वाराणसी केन्द्रों पर बारानी खेती के लिये अनुसंधान कार्य चल रहा है ।

6. सिरोजम मृदा क्षेत्र:–

पश्चिमी व उत्तरी-पश्चिमी भारत के इस क्षेत्र की मृदा बहुत हल्की है । पपड़ी बनने की समस्या बहुत गंभीर है । कई क्षेत्रों में जमीन के नीचे कंकरीली ठोस तह पायी जाती है जिसकी वजह से जड़ें गहराई में नहीं जा पाती हैं । वैसे भी जमीन की नमी बरकरार रखने की क्षमता बहुत कम है । इस क्षेत्र में जोधपुर, हिसार व दांतीवाड़ा में बारानी खेती पर अनुसंधान करने के लिये केन्द्रों की स्थापना की गई हैं ।

3. मुख्य फसलें

विभिन्न बारानी क्षेत्रों (5 से 10 व 13 तथा 14) में मुख्य फसलें तालिका 2.3 में वर्णित हैं :—

तालिका-2.3: विभिन्न बारानी क्षेत्रों में पैदा होने वाली मुख्य फसलें

क्षेत्र	बारानी मुख्य फसलें
1. क्षेत्र-5 ऊपरी गंगाई मैदान	सरसों, गेहूँ, अरहर व अन्य दलहनी फसलें
2. क्षेत्र-6 गंगा पार पश्चिमी मैदान	सरसों, गेहूँ, जौ, बाजरा, अरहर, मूँग व अन्य दलहनी फसलें
3. क्षेत्र-7 पूर्वी पठार एवम् पहाड़ियाँ	ज्वार, सोयाबीन, गेहूँ, अरहर इत्यादि
4. क्षेत्र-8 मध्य पठार एवम् पहाड़ियाँ	ज्वार, मूँगफली, अरन्डी, मक्का, कपास, तिल इत्यादि
5. क्षेत्र-9 पश्चिमी पठार व पहाड़ियाँ	ज्वार, चना, कुसुम इत्यादि
6. क्षेत्र-10 दक्षिणी पठार व पहाड़ियाँ	ज्वार, रागी, चना, मूँगफली इत्यादि
7. क्षेत्र-13 गुजरात के मैदान व पहाड़ियाँ	मूँगफली, बाजरा, ज्वार, कपास, जौ, चना इत्यादि
8. क्षेत्र-14 पश्चिमी शुष्क क्षेत्र	बाजरा, ग्वार, मोंठ, चना, गेहूँ व सरसों

विभिन्न फसलों के अन्तर्गत निम्नलिखित क्षेत्रफल बारानी हैं।

तालिका— 2.4 : विभिन्न फसलों के अन्तर्गत बारानी क्षेत्रफल

	फसल	बारानी क्षेत्रफल (प्रतिशत में)
1.	ज्वार	95.5
2.	बाजरा	94.6
3.	मूँगफली	94.0
4.	विभिन्न दलहन	92.4
5.	चना	84.3
6.	मक्का	82.3
7.	कपास	78.2
8.	सरसों/तोरिया	65.8
9.	धान	61.7
10.	जौ	44.0
11.	गेहूँ	35.0

धान के कुल उत्पादन का 45 प्रतिशत भाग बारानी क्षेत्रों से प्राप्त होता है। इसके अलावा 75 प्रतिशत दलहन व तिलहन का उत्पादन भी बारानी कृषि पर निर्भर है।

4. बारानी क्षेत्रों में किसानों की सम्पदा

किसी भी उन्नत तकनीक को किसानों तक पहुँचाने से पहले उनकी सम्पदा का अध्ययन बहुत ही आवश्यक है। अखिल भारतीय शुष्क कृषि परियोजना के 16 केन्द्रों पर काम करने वाले कृषि अर्थशास्त्र के वैज्ञानिकों ने इस बारे में 1976 से 1980 तक कुछ आंकड़े एकत्र किये। इन आंकड़ों को तिथिनुसार संकलित करने के पश्चात् यह पता चला कि :

[क] बारानी क्षेत्रों में भू-सम्पदा :—

ऊपर लिखित सर्वेक्षण अनुसार प्रति परिवार भू-सम्पदा का विवरण तालिका 2.5 में दिया गया है। इन आंकड़ों से यह पता चलता है कि सिरोजम मृदा वाले शुष्क क्षेत्रों में औसत प्रति परिवार खेती वाली भूमि हिसार में 3.16 हैक्टेयर, नागौर में 6.37 हैक्टेयर व जोधपुर में 6.87 हैक्टेयर है। हिसार क्षेत्र में कोई भी खेत ऐसा नहीं मिला जिसमें खेती न होती हो, जबकि जोधपुर में 1.29 व नागौर में 0.29 हैक्टेयर भूमि कृषि विहीन थी। अनन्तपुर के लाल मिट्टी वाले क्षेत्र में औसत भू-सम्पदा प्रति परिवार 7.8 हैक्टेयर पायी गई जिसके 1.66 हैक्टेयर हिस्से में खेती नहीं होती। काली मिट्टी वाले राजकोट व बेलारी के शुष्क क्षेत्रों में प्रति परिवार भूमि क्रमशः 5.75 व 4.35 हैक्ट. पायी गयी तथा कृषि-विहीन भूमि काफी कम थी। हैदराबाद व बैंगलोर के लाल मिट्टी वाले अर्ध-शुष्क इलाकों में औसत भू-सम्पदा 5.09 व 3.30 हैक्ट. पायी गयी। हैदराबाद में देखा गया कि लगभग आधी जमीन पर

खेती नहीं हो रही है । शोलापुर, बीजापुर, राहूरी, अकोला, कोविल पट्टी के काली मिट्टी वाले अर्ध-शुष्क इलाकों में प्रति परिवार भूमि क्रमश: 6.71, 4.87, 6.17, 4.37 व 3.25 हैक्ट. थी । कोविलपट्टी में कृषि विहीन भूमि नहीं के समान पायी गयी । रांची के अर्ध नमी वाले क्षेत्र में औसत भू-सम्पदा 3.47 हैक्ट. थी जबकि भुवनेश्वर में सबसे कम यानि कि 1.13 हैक्ट. थी ।

इन आंकड़ों से पता चलता है कि एक क्षेत्र के किसानों की भू-सम्पदा दूसरे क्षेत्र के किसानों से पूर्णत: भिन्न है । इससे यह भी अनुमान लगता है कि उनकी सामाजिक समस्यायें भी भिन्न हैं । [तालिका 2.5]

इस सर्वेक्षण के दौरान एकत्र किये गये अन्य आंकड़ों से यह भी पता चला कि मुख्यत: बारानी खेती मानसून के मौसम में ही होती है जबकि कुछ मिट्टी वाले खेतों में रबी की फसल भी ली जाती है । अत: भू-सम्पदा का सम्पूर्ण उपयोग बारानी खेती के अन्तर्गत नहीं हो पा रहा है ।

[ख] परिवार के सदस्यों की संख्या:–

इसी सर्वेक्षण में बारानी क्षेत्रों के किसानों के परिवारों के सदस्यों की संख्या भी ज्ञात की गयी । इसके अनुसार भुवनेश्वर के ईर्द-गिर्द छोटे परिवार पाये गये जबकि हिसार व रांची केन्द्रों वाले क्षेत्रों में बड़े परिवार पाये गये । कामगारों की संख्या हिसार में अधिक थी जबकि राजस्थान के नागौर व जोधपुर इलाकों में मजदूर कम संख्या में पाये गये ।

[ग] पशु धन:–

किसी भी बारानी क्षेत्र में पशुधन का बहुत महत्व है, क्योंकि इन क्षेत्रों में खेती का बहुत सा कार्य पशुओं पर ही निर्भर है। इस सम्बन्ध में विभिन्न क्षेत्रों से प्राप्त आंकड़े तालिका 2.6 में प्रस्तुत किये गये हैं । इन आंकड़ों से पता चलता है कि जोधपुर, हैदराबाद, बैंगलूर, राहुरी, बेलारी, अकोला, राजकोट, वाराणसी व रांची क्षेत्रों में हर किसान परिवार के पास एक से अधिक दुधारू पशु अवश्य ही पाया गया । इन क्षेत्रों में आम तौर पर गायों की संख्या भैंसों से अधिक थी । जुताई के लिये बैलों की उपलब्धता नागौर व जोधपुर के क्षेत्रों में बहुत कम थी जबकि भुवनेश्वर व रांची में काफी अधिक थी । नागौर, जोधपुर, अनन्तपुर व राहुरी में इन पशुओं के अलावा भेड़-बकरियाँ भी काफी संख्या में थीं तथा जोधपुर क्षेत्र में प्रति परिवार इनकी संख्या औसतन 16.0 पायी गयी ।

[घ] कृषि यंत्र:–

सर्वेक्षण अनुसार बारानी क्षेत्रों में एक क्षेत्र के कृषि की उपलब्धता दूसरे क्षेत्रों से भिन्न पायी गई । इन यंत्रों की कीमत का हिसाब लगाने पर पता चला कि राजकोट, बैंगलोर व हिसार क्षेत्रों में कृषि यंत्रों पर किसानों ने अधिक पैसा खर्च किया है, जबकि भुदनेश्वर क्षेत्र में किसानों के पास उपलब्ध कृषि यंत्र बहुत ही कम पाये गये । ऐसा भी लगा कि इस क्षेत्र के

किसान उन्नत कृषि यंत्रों को अपनाने की स्थिति में आर्थिक तौर पर समृद्ध नहीं हैं । कुछ अन्य क्षेत्रों जैसे कि नागौर व कोविलपट्टी में हालत ज्यादा अच्छी नहीं पाई गई ।

[ड़] कुल सम्पदाः–

इस तरह से कुल सम्पदा का हिसाब लगाने पर पता चला कि बारानी क्षेत्रों में प्रति परिवार औसत सम्पदा 6,291 रुपये से लेकर 51,394 रुपयों तक है । सबसे गरीब किसान भुवनेश्वर में पाये गये । इस सर्वेक्षण के आंकड़ों से यह अनुमान भी लगता है कि बारानी कृषि के लिये इन उन्नत तकनीकों की जरूरत है जिन पर खर्च कम बैठता हो तथा जिन्हें किसान के पास उपलब्ध संसाधनों से ही कार्यान्वित किया जा सके । इन किसानों को उनकी हालत से उबारने के लिये व इन क्षेत्रों से कृषि उपज बढ़ाने के लिये सरकार, सहकारी बैंकों व अन्य सहकारी संस्थाओं द्वारा विशेष ध्यान देने की आवश्यकता है । [तालिका-2.6]

तालिका –2.5 : बारानी क्षेत्रों में प्रति परिवार भू–सम्पदा का विवरण

क्र. सं.	केन्द्र	किसानों की संख्या	कृषि के अन्तर्गत भूमि			कृषि विहीन भूमि	कुल भूमि
			बारानी	सिंचित	कुल		
1.	नागौर	95	6.0	0.08	6.08	0.29	6.37
2.	जोधपुर	100	5.15	0.43	5.58	1.29	6.87
3.	हिसार	73	2.40	0.76	3.16	—	3.16
4.	अनन्तपुर	106	5.58	0.56	6.14	1.66	7.80
5.	राजकोट	82	4.64	0.71	5.35	0.39	5.74
6.	बेलारी	71	3.86	0.07	3.93	0.42	4.35
7.	हैदराबाद	118	2.04	0.49	2.53	2.56	5.09
8.	बैंगलोर	116	2.18	0.61	2.79	0.51	3.30
9.	शोलापुर	85	5.32	0.90	6.22	0.85	6.71
10.	राहुरी	99	3.55	0.65	4.20	0.67	4.87
11.	बीजापुर	90	5.70	0.26	5.96	0.21	6.17
12.	अकोला	91	3.60	0.04	3.64	0.73	4.37
13.	कोविल पट्टी	62	3.21	—	3.21	0.04	3.25
14.	रांची	60	2.33	0.21	2.54	0.93	3.47
15.	भुवनेश्वर	59	0.73	0.18	0.91	0.22	1.13

तालिका– 2.6 : विभिन्न बारानी क्षेत्रों में पशु धन

क्र.सं.	केन्द्र	गायें	भैंसें	बैल या जुताई के अन्य पशु	बछड़े इत्यादि	अन्य भेड़-बकरी इत्यादि
1.	नागौर	0.9	0.1	0.3	1.2	7.0
2.	जोधपुर	1.3	0.4	0.4	2.0	16.0
3.	हिसार	0.5	1.0	0.8	1.7	0.5
4.	हैदराबाद	2.1	1.1	2.8	2.6	3.3
5.	अनन्तपुर	0.6	0.3	2.0	1.1	6.6
6.	बैंगलोर	1.9	1.9	1.3	2.1	2.1
7.	शोलापुर	0.8	1.1	1.4	1.1	3.7
8.	राहुरी	0.8	0.8	1.3	0.9	6.2
9.	बीजापुर	0.4	0.3	0.6	0.6	2.4
10.	बेलारी	2.6	2.6	0.8	—	3.0
11.	अकोला	0.9	0.4	2.0	0.9	0.4
12.	कोविल पट्टी	0.1	0.1	0.5	0.2	1.1
13.	वाराणसी	0.8	0.5	2.4	2.5	0.1
14.	रांची	1.5	0.4	3.0	1.4	3.9
15.	राजकोट	0.8	0.7	1.3	1.2	0.6
16.	भुवनेश्वर	0.3	0.7	3.3	1.4	2.7

अध्याय — 3

मृदा जल-पौध सम्बन्ध

पौधों की बढ़वार के लिये जल अति आवश्यक है । इसके बिना किसी भी वनस्पति का बढ़ना या जिन्दा रहना असम्भव है । जल का संग्रह मिट्टी में होता है तथा पौधों को मिट्टी से ही जल प्राप्त होता है । मिट्टी से केवल जल ही नहीं बल्कि सभी पोषक तत्व भी पौधों को प्राप्त होते हैं । मृदा की अवस्था, गठन, रासायनिक प्रक्रिया व इसके अन्य गुणों पर पौधों की बढ़वार निर्भर होती है । इस प्रकार जल मृदा संयुक्त रूप से किसी भी वातावरण में पैदा होने वाले पौधों पर प्रभाव डालते हैं । यह प्रभाव एक तरफ नहीं है बल्कि वनस्पतियों का भी प्रभाव उस क्षेत्र के वातावरण, जैसे कि वायु में नमी और इसका तापमान तथा वर्षा इत्यादि पर पड़ता है । इस प्रकार मृदा-जल तथा पौध सम्बन्धों का चक्रीय जुड़ाव रहता है ।

उपरोक्त तीनों घटकों में से पौधों पर नियंत्रण सबसे अधिक और सफलतापूर्वक किया जा सकता है । मनुष्य अपनी इच्छानुसार किसी भी क्षेत्र को पौध रहित कर सकता है या उसे हरा भरा बना सकता है । एक फसल को त्याग कर दूसरी अपना सकता है । पुरानी किस्मों को छोड़कर पौध प्रजनन द्वारा विकसित उन्नत किस्में उगाई जा सकती हैं । बंजर जमीनों का वनीकरण किया जा सकता है । प्राकृतिक वर्षा पर तो मनुष्य का कोई नियंत्रण नहीं है परंतु उसके उपयोग पर नियंत्रण किया जा सकता है । नदियों तथा भूमिगत जल के संसाधनों को मनुष्य अपनी इच्छानुसार उपयोग कर सकता है । वर्षा ऋतु में उपलब्ध जल संचय सूखे के दिनों में या शीतकाल में सिंचाई के लिए उपयोग किया जा सकता है । इस प्रकार मृदा-जल पौध संबंधों में नये आयाम स्थापित किये जा सकते हैं । जल से भी कहीं अधिक नियंत्रण भूमि और मृदा पर संभव है । मृदा के अनुसार उचित फसलों को बोया जा सकता है । मृदा की रासायनिक प्रक्रिया को बदला जा सकता है ।

1. पौधों द्वारा मृदा में उपलब्ध जल का ग्रहण

1.1 बीजों का अंकुरण:-

बारानी क्षेत्रों में बीजों के अंकुरण के लिए जल की अधिक मात्रा की आवश्यकता होती है । कुछ बीज तो अपने भार के बराबर जल सोखते हैं । इस शोषण से बीज़ों के इर्द-गिर्द की मृदा में जल की कमी हो जाती है । यह शोषण फसल की किस्म पर निर्भर करता है । कई फसलें जैसे कि बाजरा, ज्वार इत्यादि में जल की कम उपलब्धता पर ही अंकुरण हो जाता है जबकि बड़े बीजों वाली फसलें जैसे सेम, अरण्डी इत्यादि के अंकुरण के लिए जल

की आवश्यकता होती है। अक्सर नमी की कमी कम अंकुरण का कारण नहीं होती है। अत्यधिक जल या जमीन पर कड़ी पपड़ी बन जाने की वजह से भी अंकुरण कम होता है।

बीज द्वारा जल ग्रहण तथा अंकुरण बीज व जल संपर्क क्षेत्र तथा मृदा के जलीय चालकता पर निर्भर करता है। इन कारणों में से किसी एक की कमी से बीजों का अंकुरण कम हो जाता है। इस कारण बारानी क्षेत्रों में उचित नमी पर बिजाई तथा बाद में मिट्टी को पाटे से दबा कर बीज व मिट्टी में अधिक संपर्क प्रदान करने से अच्छा अंकुरण किया जा सकता है। इसी प्रकार छाजन इत्यादि द्वारा मृदा में उपलब्ध जल को वाष्पीकरण से बचाकर रखने से भी मृदा की जलीय चालकता को उचित मात्रा में रखा जा सकता है ताकि बीजों का अंकुरण सही मात्रा में हो। जल व बीज संपर्क क्षेत्रों को बढ़ाने के लिए तैयारी बहुत आवश्यक है। मिट्टी जितनी भुरभुरी होगी व उसमें ढेले इत्यादि कम होंगे, उतना ही बीज व मिट्टी में उपलब्ध जल का आपस में संपर्क बढ़ेगा व अंकुरण में वृद्धि होगी।

परीक्षणों से पता चला है कि ज्वार की सभी किस्मों के बीजों द्वारा जल का शोषण मृदा जल क्षमता की कमी के अनुसार कम होता है व भिन्न-भिन्न किस्मों के अंकुरण के लिए जल की अलग-अलग मात्रा की आवश्यकता होती है।

1.2– जड़ों की बढ़वार:–

पौधों की जड़ें मृदा वातावरण से बहुत प्रभावित होती हैं तथा इस पर ही जड़ों की दिशा, संख्या व बढ़वार निर्भर होती है। जब मृदा में जड़ों के इर्द-गिर्द जल की कमी हो जाती है तो जड़ों की बढ़वार उस दिशा की ओर बढ़ जाती है जिस तरफ जल उपलब्ध होता है। प्रयोगों से पता चलता है कि गेहूँ की जड़ें ऐसी परिस्थितियों में लम्बी तथा पतली हो जाती हैं तथा उनकी शाखाएँ बहुत अधिक हो जाती हैं, जबकि साधारणत: ऐसा नहीं होता है।

अगर बिजाई के समय मृदा में जल की स्थिति अच्छी हो तो जड़ें काफी गहरी जाती हैं तथा अगर बिजाई के समय मृदा में नमी पर्याप्त न हो तो जड़ें अच्छी तरह नहीं पनप पाती हैं तथा अधिक गहराई से नमी का शोषण नहीं कर पाती हैं। अगर ऐसे समय में वर्षा हो जाए या थोड़ी सी सिंचाई उपलब्ध हो जाए तो फसल की जड़ें तंत्र पूर्ण रूप से फैल जाती हैं तथा फसल सूखा सहने में सक्षम हो जाती है।

जड़ों की बढ़वार पर मृदा के घनत्व का काफी प्रभाव होता है। जड़ें 1.9 ग्राम प्रति घन सेमी से अधिक घनत्व मृदाओं में फैल नहीं पाती है। कई मृदाओं में तो, जैसे कि चिकनी मिट्टी में, जड़ों की बढ़वार 1.6 से 1.7 ग्राम प्रति घन सेमी के घनत्व पर ही रुक जाती है।

जड़ों द्वारा जल के अवशोषण को हम संक्षेप में इस प्रकार समझ सकते हैं कि जब बीज से नई जड़ें निकलती हैं तो वह अपने इर्द-गिर्द की मिट्टी से जल प्राप्त करती हैं तथा जड़ों द्वारा जब इस नमी का खिंचाव होता है तब मृदा में उपलब्ध जल का बहाव जड़ों की तरफ बढ़ जाता है। इस बहाव की गति इतनी कम हो सकती है कि पौधों की बढ़वार के लिए उचित मात्रा में जल न पहुँच सके। इस कारण से जड़ों की बढ़वार उस तरफ बढ़नी शुरू हो

जाती है जिस तरफ पानी की उपलब्धता होती है अगर पानी उपलब्ध नहीं हो पाता तो पौधे मुरझाने लगते हैं। नई जड़ें ज्यों ही नमी की तह में पहुँचती हैं, पौधे फिर सामान्य हो जाते हैं। ये जड़ें तब तक नमी सोखती हैं जब तक उस क्षेत्र की नमी फिर ऐसी स्थिति में न आ जाय कि पौधे फिर से मुरझाने लगें। इस समय पानी की उपलब्धता अगर वर्षा या अन्य किसी स्रोत से न हो तो फसल नष्ट हो सकती है।

1.3- बारानी फसलों द्वारा जल का उपयोग:–

विभिन्न फसलों में जल के उचित उपयोग की क्षमता में अन्तर होता है। बारानी फसलों जैसे ज्वार, बाजरा, अरण्डी, सूरजमुखी, गेहूँ, चना, सरसों इत्यादि में जल की कमी को सहने की क्षमता होती है। शवम् उद्वाष्पोत्सर्जन की गति तथा फसल की अवधि में संतुलन बनाये रहने से बारानी फसलों से उचित उपज प्राप्त की जा सकती है।

विभिन्न प्रकार की फसलें मृदा में आर्द्रता की कमी अलग-अलग तरीकों से अनुकूलन का प्रयास करती हैं। जैसे जड़ों को खूब गहराई तक बढ़ाना, उत्सर्जन कम करना, पत्तियों के रंध्र छिद्रों को नियंत्रित करना, इत्यादि। कुछ जातियाँ पत्तों में संभावी जल की मात्रा कम रख पाने में सक्षम होती हैं। बारानी चना, राया तथा गेहूँ की फसलो को एक जैसी स्थिति में उगाने पर पता चला कि चने में नमी की कमी को सहने की क्षमता सबसे अधिक थी। गेहूँ में कुछ गुणों, जैसे कि पौधे की तेज बढ़वार, तनों का बराबर बढ़ना व पकना, बाली निकलने तक की अवधि तथा बाली की लम्बाई, आर्द्रता की कमी सह पाने की क्षमता को जाँचने के लिए विशेष रूप से सहायक है। मृदा में जल की कमी के समय, गेहूँ की विभिन्न किस्मों में पार्श्व जड़ों की बढ़वार में बहुत अंतर पाया गया है। वे किस्में जिनमें पार्श्व जड़ों की बढ़वार अच्छी होती है नमी की कमी अच्छी प्रकार सह लेती हैं। सभी बारानी फसलों के बीज बनने की अवस्था में पानी की कमी हो जाने से पैदावार पर बहुत प्रभाव पड़ता है। फसल पकने तक जड़ों के क्षेत्रों में नमी बनाए रखना मृदा के गठन पर निर्भर है। बहुत सी सस्य क्रियायें भी इस कार्य में सहायक हैं जिनके बारे में इस अध्याय में बताया गया है।

2. उद्वाष्पोत्सर्जन

मृदा-जल पौध संबंधों के अन्तर्गत 'वाष्पीकरण' से अभिप्राय है, मृदा से वाष्प के रूप में जल का निकास। इसी संदर्भ में "उत्सर्जन" का अर्थ है पौधों की विभिन्न क्रियाओं द्वारा भूमि से जल का निकास व इसका हवा से विसर्जन। इन दोनों क्रियाओं के लिए सम्मिलित शब्द, "उद्वाष्पोत्सर्जन" है जो किसी भी अवधि में पौधों द्वारा निष्कासित तथा मृदा में स्खलित जल की कुल राशि के लिए प्रयोग में लाया जाता है। "शवम् उद्वाष्पोत्सर्जन" जल की राशि को कहते हैं जो मृदा में उचित जल उपलब्धि तथा उस स्थान के पूर्णत: वनस्पति से ढकी होने की स्थिति में मृदा में विलीन हो सकती है। "सही उद्वाष्पोतर्सण" जल की उस राशि को कहते हैं जो एक निश्चित समय की अवधि में भूमि से वायु में विलीन हुई हो।

2.1- वाष्पोत्सर्जन पर जलवायु का प्रभाव

सूर्य की ऊष्मा, वायु का वेग तथा सापेक्ष आर्द्रता कुछ ऐसे जलवायु घटक हैं जिनका उद्वाष्पोत्सर्जन पर प्रभाव होता है । जल के वाष्पीकरण के लिए सूर्य की ऊर्जा की आवश्यकता है तथा पौधों व भूमि पर पड़ने वाली सीधी किरणों की मात्रा व समय से वाष्पोत्सर्जन की मात्रा प्रभावित होती है । हवा का तापमान व गति भी सूर्य की ऊष्मा पर ही आधारित है । हवा के बहने की गति से नमी को उड़ा कर ले जाने की प्रक्रिया संभव है । अगर हवा तेज होगी तो उस स्थान की मृदा से वाष्पीकरण की गति बढ़ जाती है तथा उत्सर्जन भी अधिक होगा । हवा की नमी का प्रभाव तो इससे भी अधिक है । अगर हवा में नमी अत्यधिक है तो तापमान के अधिक या कम होने का ज्यादा प्रभाव उद्वाष्पोत्सर्जन पर नहीं पड़ता ।

2.2- उद्वाष्पोत्सर्जन में पौधों व मृदा की मात्रा का महत्व:-

जब मिट्टी जल से संतृप्त होती है तब वाष्पीकरण की गति खुले पात्र में जल के समान होती है । लेकिन जैसे-जैसे मिट्टी की ऊपरी सतह सूखती जाती है, वाष्पीकरण की गति भी मंद हो जाती है । जब भूमि में 10-15 सेमी गहराई तक नमी समाप्त हो जाती है तब वाष्पीकरण न्यूनतम हो जाता है ।

वाष्पीकरण की गति भूमि के जलीय गुणों तथा मौसम पर आधारित है । वाष्पीकरण पौधों द्वारा की जाने वाली एक आवश्यक क्रिया है । यदि वाष्पोत्सर्जन द्वारा उत्पन्न जल की कमी की पूर्ति मृदा में उपलब्ध जल द्वारा न हो पाये तो पौधे मुरझा जाते हैं । यदि यह कमी अधिक समय तक बनी रहे तो पूरी फसल नष्ट हो जाती है । वाष्पोत्सर्जन से काफी गहराई तक की नमी का मृदा से शोषण हो सकता है क्योंकि जड़ें गहराई तक बढ़ती हैं । विभिन्न जातियों के पौधों की जड़ों के विन्यास का अन्तर ही उन्हें नमी की उपलब्धता वाले क्षेत्रों के लिए उपयुक्त बनाता है । फसलों की कई जातियाँ काफी गहराई से नमी प्राप्त कर सकती हैं तथा सूखा की स्थिति सह सकती है ।

3. उद्वाष्पोत्सर्जन द्वारा जल की हानि कम करने के उपाय

उद्वाष्पोत्सर्जन कम करने की दिशा में मृदा तथा पौधों पर कई प्रयोग किये गये हैं । तैलीय अल्कोहल तथा डाईमिथाईल - आक्टा डेकाइल-अमोनियम-क्लोराइड (डी.डी.ए.सी.) का उपयोग मृदा में वाष्पीकरण कम करने के लिए किया गया है लेकिन खेत में इसका उपयोग जल का संचय करने में असफल सिद्ध हुआ है । छाजन का प्रयोग भारत में कई केन्द्रों पर सफलतापूर्वक किया गया है तथा इससे वाष्पीकरण में काफी कमी अंकित की गयी है ।

उत्सर्जन कम करने के लिए तैलीय अल्कोहल का उपयोग पौधे में जल की चालकता को कम करने के लिए किया गया है । पत्तियों में स्थित रंध्रों को भी फिनाइल मरक्युरिक, एसीटैट एट्राजीन, हाइयूरोन या सीमाजीन इत्यादि के उपयोग से बंद करने का प्रयोग किया

गया है । सीमाजीन व हाइयूरोन के प्रयोग से फसलों की उपज में वृद्धि हुई तथा पूर्ण रंध्रों को बंद करने में सफलता मिली ।

क्योलीन जैसे रसायनों का उपयोग सूर्य की ऊर्जा को परावर्तित करने में किया गया है परंतु इस तरह के उपयोगी प्रयोग कम ही हुए हैं ।

4. मृदा के गठन व नमी धारण-क्षमता में संबंध

बलुई मृदाओं में नत्रजन व कार्बन दोमट की अपेक्षा कम होती है । इसी प्रकार दोमट मिट्टी में भी इनकी मात्रा चिकनी मिट्टी की अपेक्षा कम होती है । मृदा के गठन को हम उसमें बालू, सिल्ट तथा क्ले के प्रतिशत के आधार पर बांट सकते हैं ।

नमी धारण क्षमता – 0.023 बालू + 0.25 + 0.61 बारीक कण जैसे भल व भस जैसे-जैसे बढ़ते जाते हैं मृदा की नमी धारण क्षमता बढ़ती जाती हैं ।

इस सूत्र में मृदा में पाये जाने वाले जैविक पदार्थों का अवलोकन नहीं किया गया है। जबकि मृदा में जैविक पदार्थ बढ़ने से नमी धारण क्षमता भी बढ़ जाती है क्योंकि जैविक पदार्थों में नमी धारण क्षमता बहुत अधिक होती है ।

भिन्न-भिन्न गठन तथा रंध्राकाश (Pore space) वाली मृदाओं की जल धारण क्षमता में अंतर होता है । मृदा में जल धारणा विभिन्न बल क्षेत्रों (Force Field) मैट्रिक परासारणी बल (ओसमोटिक फोर्स) व पिंड बल (बॉडी फोर्स) पर निर्भर करता है । मृदा को जल प्राप्त होता है तो मृदा कणों पर जल संपर्क के फलस्वरूप आसजन बल (अडहेसिव फोर्स) व वायु जल अन्तरापृष्ठ के फलस्वरूप पृष्ठ तनाव के कारण जल बंधन होता है। पृष्ठ तनाव के कारण जल मृदा-आधात्री के द्वारा कोशिकाओं में चढ़ता है ।

5. पौधों पर जल की कमी का प्रभाव

जल ग्रहण की अपेक्षा उत्सर्जन जब अधिक होता है तब पौधों में जल की कमी हो जाती है । अंदरूनी जल की कमी व उनकी अवधि के अनुसार हम आरम्भिक, अस्थाई मुरझान में अंतर पता कर सकते हैं । अक्सर बारानी फसलों में सामान्यत: मौसम सूखा गर्म हो तो आरम्भिक मुरझान देखने को मिलती है जो शाम ढलते ठीक हो जाती है । इससे अधिक मुरझान होने पर पत्तियाँ नीचे झुक जाती हैं तथा बढ़वार रुक जाती है । अगर जल उपलब्ध होने पर पौधों में स्फीति की अवस्था दोबारा लौट आये तो उसे अस्थाई मुरझान कहते हैं । परंतु जल की कमी की अवधि लम्बी हो जाने पर यह मुरझान स्थाई हो जाती है तथा पौधे फिर से मुरझान की अवस्था से उभर नहीं पाते हैं, चाहे कितनी ही सिंचाई की जाये या हवा में कितनी ही नमी क्यों न हो ।

पौधों की कुछ प्रक्रियाओं पर जल की कमी का अधिक और कई प्रक्रियाओं पर कम प्रभाव होता है । फ़सल उत्पादन पर बढ़वार, प्रकाश संश्लेषण, श्वसन, चयापचम, जनन इत्यादि का मिला जुला प्रभाव होता है । इन सब क्रियाओं पर जल की कमी के प्रभाव का

वर्णन आगे किया गया है ।

5.1– प्रकाश संश्लेषण पर प्रभाव:–

मृदा में जल की कमी बढ़ने के कारण प्रकाश संश्लेषण की क्रिया एक क्षतिपूर्ति बिन्दु तक गिर जाती है । प्रत्यक्ष रूप में यह प्रभाव प्रकाश संश्लेषण की जैव-रासायनिक क्रियाओं पर प्रभाव पड़ता है तथा अप्रत्यक्ष रूप से कार्बन डाईऑक्साइड के ग्रहण में कमी भी आ जाती है क्योंकि जल की कमी से पर्ण रंध्र बंद हो जाते हैं । जल की कमी से खांगीकारकों के स्थानान्तरण पर भी असर पड़ता है तथा पत्तों में स्थायीकरणों की मात्रा बढ़ जाने से प्रकाश संश्लेषण की प्रक्रिया धीमी हो जाती है ।

गेहूँ तथा मक्का में जल कमी का प्रकाश संश्लेषण पर प्रभाव देखा गया है । मृदा तथा हवा दोनों में नमी की कमी एक दूसरे के साथ मिलाकर प्रकाश संश्लेषण की गति कम करती है । जल की कमी से ज्वार और बाजरा में प्रकाश संश्लेषण की क्रिया पर प्रभाव पड़ता है। जब जल की कमी हटाई गयी तो बाजरा की स्वाभाविक अवस्था ज्वार की अपेक्षा शीघ्र आई । एक अन्य प्रयोग में मूँग में भी प्रकाश संश्लेषण क्रिया में तेज गिरावट देखने को तब मिली जब जल की कमी वाली हालत में मूँग के पौधों को रखा गया ।

5.2– श्वसन पर प्रभाव :–

जल की कमी से पूर्ण रंध्र बंद हो जाने के कारण ऑक्सीजन और कार्बन डाई आक्साइड के ग्रहण व निकास में रुकावट आती है । पौधों में जल की कमी आने पर पहले श्वसन की क्रिया बढ़ती है परंतु जब जल की कमी अधिक हो जाती है तो श्वसन की गति धीमी हो जाती है । सूखे की प्रारंभिक अवस्थाओं में कार्बन डाई-आक्साइड के निष्कासन की मात्रा बढ़ी परंतु बाद में जल की कमी बढ़ने के साथ-साथ श्वसन भी घटता गया ।

5.3– कोशिकाओं व तन्तुओं पर प्रभाव:–

जल की कमी से कोशिकाओं का आकार छोटा हो जाता है व अंतर-कोशिकी स्थान सिकुड़ जाते हैं । कोशिकाओं की दीवारें मोटी हो जाती हैं तथा यांत्रिक तंतुओं का विकास बढ़ जाता है । जल की कमी से कोशिकाओं के विभाजन एवं वृद्धि पर प्रतिकूल प्रभाव पड़ता है। प्रोटोप्लाज्म के निर्जलीकरण से एन्जाइमों की क्रिया-प्रक्रिया पर प्रभाव पड़ता है । चूंकि डी.एन.ए. की मात्रा कम हो जाती है इसलिए कोशिकाओं के विभाजन की दर में कमी आ जाती है ।

5.4– चयापचय पर प्रभाव:–

जल की कमी के कारण लगभग सभी चयापचय क्रियायें प्रभावित होती हैं । मक्का में जल की कमी अधिक होने से नाइट्रोजन रिडक्टेज प्रक्रिया पर ऑक्सीडेज प्रक्रियायें बढ़ जाती हैं, स्टार्च का जल अपघटन शर्कराओं के रूप में हो जाता है । इसी तरह प्रोटीन का अमीनों अम्लों में अपघटन हो जाता है ।

शर्करा के बढ़ जाने से परसरण दबाव बढ़ जाता है और कोशिकाओं की दीवारों की

पारगम्यता कम हो जाती है । इसके जल के अन्दरूनी जहाप में रुकावटें बढ़ जाती हैं तथा जल का निष्कासन कम हो जाता है । जल की कमी से आर.एन.ए. का अषक्रमण संश्लेषण की अपेक्षा बढ़ जाता है जिससे एन्जाइमों का उत्पादन व बढ़वार कम हो जाती है । प्रोटीन का संश्लेषण भी कम हो जाता है । जल की कमी की अवस्था में कुछ अमीनों अम्लों, विशेष कर प्रोटीन की मात्रा बढ़ जाती है । इस अवस्था में बहुत से हार्मोनों पर भी असर पड़ता है ।

5.5 – जड़ व पौधों की बढ़वार पर प्रभाव :–

परीक्षणों द्वारा पता चला कि सूखे की स्थिति में मूँगफली की जड़ों के भार में कमी आई । पौधों में जल की कमी का दुष्प्रभाव उनकी क्रियात्मक आयु, जल की कमी के स्तर तथा पौधों की प्रजाति पर निर्भर करता है । मुख्यत: बढ़वार पर कुल असर जल की कमी की अवधि व निरंतरता के अनुसार होता है ।

5.6– जनन व दानों के विकास पर प्रभाव:–

कुछ पौधों में वृद्धि के दौरान आने वाली जल की कमी के फलस्वरूप जनन अवस्था शीघ्र आ जाती है । लेकिन फूल आने की अवस्था में अगर जल की कमी बनी रही तो दाने कम फूलों में बनते हैं । प्राय: सभी फसलों में बीजों व दानों की संख्या व उपज कम हो जाती है । परागण की अवस्था के समय में थोड़ी सी भी जल की कमी के कारण उन फूलों की संख्या में कमी आ जाती है जिनमें फल अथवा बीज बनते हैं । केन्द्रीय बारानी कृषि अनुसंधान संस्थान में 5 फसलों पर किये गये प्रयोगों से पता चलता है कि जल्दी पकने वाली फसलों पर सूखे का असर देर से पकने वाली फसलों से भिन्न है । अरहर, अरण्डी, ग्वार व उड़द की अपेक्षा ज्वार की फसल काफी हद तक सूखे के असर को सह पाई तथा उससे प्राप्त दानों की उपज पर कम असर पाया गया । इस तरह से जल की कमी का प्रभाव विभिन्न फसलों के जनन व दानों के विकास पर अलग-अलग है ।

कपास के फूल बनने के समय सूखा पड़ने से नई कलियाँ गिर जाती हैं परंतु पुराने फूलों से गूलर बनने या उनके खिलने पर कोई असर नहीं पड़ता है ।

6. पौधे में जल की कमी का अनुमान

पिछले दशक के दौरान बहुत सी नई तकनीकें पौधों में जल की कमी का अनुमान लगाने हेतु विकसित हुई हैं । इन तकनीकों में पौधों में जल की मात्रा, संपूर्ण जल विभव (पौटेन्शियल) परासरणी दबाव, स्फीति दबाव व अन्य इंटरकट विधियाँ प्रयोग की गयी हैं । इन विधियों के अन्तर्गत दिखाई देने वाली मुरझान पत्तों के रंग में बदलाव, पत्तों का मुड़ना, पत्तों का तापमान, पत्तों की मोटाई, रंध्र चालकता, प्रकाश संश्लेषण, गति व पत्तों की पारगम्यता इत्यादि का उपयोग किया गया है । इन्फ्रारेड थर्मोमीटरी नामक एक नई विधि फसल का जलस्तर पता लगाने के लिए कारगर साबित हुई है ।

7. जल की कमी की अवस्था में पौधों का अनुकूलन (Adaptation)

जल की कमी की अवस्था में पौधे अपनी रक्षा निम्न प्रकार से करते हैं :—

1.सूखे से बचाव –	जबकि पौधा अपना जीवन चक्र भूमि के पूर्णतया शुष्क होने से पहले ही पूर्ण कर ले ।
2.सूखे को सहने की शक्ति –	जब पौधा वर्षा के अभाव में भी जिंदा रहे तथा तंतुओं में उच्च जल स्तर बनाये रखे। जब पौधा वर्षा के अभाव में जिंदा रहे तथा साथ ही तंतुओं में निम्न जल स्तर को भी सह ले।

अध्याय - 4

मृदा तथा जल संरक्षण

बारानी क्षेत्रों में मृदा तथा जल संरक्षण का बहुत अधिक महत्व है । इन क्षेत्रों में वर्षा की अवधि कम होती है तथा वर्षा का वेग इतना अधिक होता है कि संपूर्ण जल धरती में न समाकर धरातल पर बहता हुआ अपने साथ सतह की उपजाऊ मिट्टी भी बहा कर ले जाता है। गर्मी के दिनों में चलने वाली तेज हवाएं भी भूक्षरण का कारण होती है । यह अनुमान लगाया गया है कि 14.3 करोड़ हैक्टेयर कृषि योग्य भूमि का लगभग 8.5 करोड़ हैक्टेयर भाग मृदा एवं जल जनित भूक्षरण की चपेट में है ।

1. भूक्षरण – परिभाषा एवं वर्णन

जल, वायु तथा गुरुत्व के प्रभाव से मृदा के कणों या ढेर के एक स्थान से दूसरे स्थान पर स्थानान्तरण को भूक्षरण कहते हैं । कृषि योग्य क्षेत्र में भूक्षरण का महत्व इसलिए अधिक है कि इससे जिस ऊपरी सतह की मृदा को हानि होती है, वह सबसे अधिक उपजाऊ होती है । भूक्षरण के द्वारा हुई हानि दिन-प्रतिदिन बढ़ती चली जाती है, इसलिए इस पर नियंत्रण रखना बहुत आवश्यक है ।

चूंकि ऊपरी मृदा पर ही वायु या वर्षा इत्यादि का सबसे अधिक प्रभाव पड़ता है, अत: इसी मृदा का भूक्षरण होता है । जब वर्षा की बूंदें तेज गति से भूमि पर पड़ती हैं तो ऊपरी मृदा के कण ढीले पड़ जाते हैं तथा अपनी जगह से हट जाते हैं । जब भूमि की सतह पर जल बहने लगता है, तो वह अपने साथ इन कणों को बहा कर ले जाता है । बहने की इस प्रक्रिया के दौरान इन कणों की छंटाई सी हो जाती है । हल्के कण ज्यादा दूरी तक बह जाते हैं जबकि भारी कण कम दूरी पर जाकर टिक जाते हैं । इस प्रकार से छोटे कणों तथा जैविक पदार्थों की हानि अधिक होती है । बहुत से पोषक तत्व भी पानी में घुलकर बह जाते हैं ।

भूक्षरण से भूमि को एक ऐसा नुकसान पहुँचता है जिसकी पूर्ति बहुत ही मुश्किल है। चूंकि बारानी खेतों में भूमि की सतह बहुत कम समय के लिए ही पौधों से ढकी रहती है, इन क्षेत्रों में नुकसान बहुत अधिक होता है । जो जल ऊपरी सतह से बहता चला है वह न केवल भूमि का कटाव करता है वरन् व्यर्थ भी चला जाता है । अगर मृदा द्वारा यह जल सुचारू रूप से सोख लिया जाय तो फसलों की पैदावार के लिए इसका उपयोग किया जा सकता है ।

2. भूक्षरण की किस्में

2.1– वायु द्वारा भूक्षरण :–

वायु द्वारा भूक्षरण तीन प्रकार से होता है । जो कण तथा खंड एक मि.मी.. व्यास से अधिक होते हैं, वह इतने भारी होते हैं कि मध्यम वायु वेग से हिल नहीं पाते और 0.5 से

1.0 मि.मी. व्यास वाले कण तेज हवाओं की वजह से भूमि की ऊपरी सतह पर चलायमान हो जाते हैं तथा अपनी जगह से स्थानान्तरित हो जाते हैं। इस प्रक्रिया को "सतही खिसकस" का नाम दिया जा सकता है। बालु के कणों जैसे कण घूमने लगते हैं तथा हवा में उछल कर ऊपर उठ जाते हैं। इस प्रक्रिया को हम "उछल" या "उच्छलन" कह सकते हैं।

मटियार या सिल्ट के कण जो 0.05 मि.मी. व्यास से भी छोटे होते हैं ये एक बार अपनी जगह से हटने के बाद वायुगामी हो जाते हैं तथा वायु वेग के साथ-साथ बहुत दूर तक उड़ते चले जाते हैं। आंधियों में प्राय: सिल्ट के कण ही अधिक होते हैं। ये कण बहुत दूर जाने के बाद ही धरातल पर गिरते हैं।

2.2– जल द्वारा भूक्षरण:–

जल द्वारा भूक्षरण चार प्रकार से होता है:–

(1) परत भूक्षरण:– इस प्रकार का भूक्षरण प्राय: वर्षा की बूंदों के छपछपाने तथा उसके उपरान्त सतह के प्रवाह के कारण होता है।

(2) नदिका भूक्षरण:– जब मृदा कणों से भरपूर जल बहुत सी नदिकाओं के रूप में बहने लगता है तो इसे नदिका भूक्षरण कहते हैं।

(3) नाली भूक्षरण:– जब नदिका भूक्षरण लम्बी अवधि तक चलता रहता है तो नदिकाएं आपस में मिल जाती हैं तथा गहरी नालियों का रूप धारण कर लेती हैं। ऐसी अवस्था में इसे नाली भूक्षरण कहते हैं।

(4) नालों व नदियों के किनारों का भूक्षरण :– गहरी नालियाँ बड़े नालों में जा मिलती हैं तथा मृदा कणों से भरपूर बहता हुआ जल नालों के किनारों का कटाव करता है। ये नाले नदियों में मिलते हैं तथा उनका जल स्तर बढ़ने से किनारों का कटाव होता है।

3. मृदा संरक्षण

3.1– जल-भूक्षरण की रोकथाम:–

जल द्वारा भूमि के कटाव में निम्नलिखित उपायों से कमी पायी जा सकती है:–

1. मृदा कणों का छितराव कम करके
2. सतही बहाव को कम करके
3. बहते पानी के रास्ते में रुकावटें खड़ी करके

इन उपायों के अन्तर्गत किये गये कुछ शोध कार्य इस प्रकार हैं :–

3.1.1– पौधों का आवरण :–

मूसलाधार वर्षा से मृदा को बचाने के लिए भूमि पर पौधों का आवरण बहुत अच्छा उपाय है। यह उन भूमियों के लिए संभव है जहाँ कि ढलान दो प्रतिशत हो। बैंगलौर में

किये गये परीक्षणों के अनुसार घनी फसलों को उगाने से अच्छा आवरण प्राप्त हुआ तथा मृदा संरक्षण हो सका। (तालिका 4.1)

तालिका 4.1 से स्पष्ट होता है कि तीनों फसलों के आवरण मृदा के संरक्षण में सहायक हुए तथा पानी के बहाव में कमी आयी। इसी प्रकार हैदराबाद में 1978-79 के दौरान किये गये परीक्षणों से भी यही निष्कर्ष निकाला गया। (तालिका 4.2)

इस प्रकार घास द्वारा मृदा का संरक्षण अति उत्तम पाया गया।

3.1.2– भूमि संररूपण :-

जिन खेतों का ढलान बहुत अधिक हो उनकी मृदा को केवल पौधों का आवरण ही सुरक्षित नहीं रख सकता। ऐसे इलाकों में भूमि संरक्षण अर्थात् भूमि को विभिन्न प्रकार के रूप देने से ही मृदा का बचाव किया जा सकता है। इनमें कुछ इस प्रकार के उपाय हैं जैसे कि कंटूर बंडिंग, टेरेसिंग, कंटूर, ट्रेचिंग तथा क्यारी कूंड प्रणाली इत्यादि !

क्यारी कूंड प्रणाली द्वारा जल के बहाव में कमी लाई गयी तथा मृदा संरक्षण किया जा सका। यह प्रयोग अकोला व बैंगलोर स्थित काली व लाल मिट्टी में किये गये।

कंटूर बंड तथा ग्रेडेड बंड बनाने के लिए हैदराबाद की ''चलका'' मृदाओं में एक प्रयोग 1966 से 1977 तक किया गया। इस प्रयोग के आंकडे तालिका 4.3 में दिये गये हैं। इसके अनुसार दो प्रतिशत ढलान वाले इलाकों में 90 मी. की दूरी पर बंड बनाने चाहिए।

बैंगलोर में कुंड की लम्बाई पर किये गये परीक्षणों के आधार पर पता चला है कि 60 मी. लम्बी कुंड उचित रहती है। यह आंकडे तालिका 4.4 में दिये गये हैं। यह परीक्षण मक्का की फसल पर किये गये थे।

इन परीक्षणों के अलावा हैदराबाद में ग्रेडिड बंड, कंटूर खेती इत्यादि पर भी परीक्षण किये गये हैं।

3.1.3– नालियों का स्थायीकरण:–

भूमि की ढलान के अनुसार नालियों का विन्यास व उसका स्थायीकरण आवश्यक है। यह स्थायीकरण पक्के किनारे या किनारों पर वनस्पति उगाकर किया जा सकता है।

3.2– वायु द्वारा होने वाले भूक्षरण की रोकथाम :-

वायु द्वारा होने वाले भूक्षरण को निम्नलिखित उपायों से रोका जा सकता है।

1. भूमि की सतह पर वायु वेग को कम करके
2. आंधी से उड़ने वाले मृदा कणों को रोक कर
3. मृदा की भूक्षरणता कम करके

इन उपायों के लिए किये जाने वाले कार्य इस प्रकार हैं:–

1. हवा की दिशा में समकोण 5 से 10 सेमी ऊंची मेंडें बना कर

2. हवा की दिशा में समकोण घने वृक्ष लगा कर
3. हवा के बहाव में अन्य रुकावटें खड़ी कर के
4. हवा की दिशा के समकोण में घने पौधों का आवरण बिछा कर

4. जल संरक्षण

राष्ट्रीय कृषि आयोग (1976) द्वारा लगाये गये एक अनुमान के अनुसार भारत में 40 करोड़ हैक्टेयर मीटर वर्षा होती है तथा इस जल की नियति इस प्रकार है:–

वाष्पीकरण — 13 प्रतिशत

सतही बहाव — 29 प्रतिशत

मृदा में रिसाव — 53 प्रतिशत

वर्षा द्वारा जल के संरक्षण का सबसे सही उपाय उसी जगह किया जा सकता है जहाँ इसकी प्राप्ति होती है। चूंकि हम मृदा में जल के रिसाव को बढ़ाना चाहते हैं इसलिए यह आवश्यक है कि उस मृदा की अवस्था ऐसी हो जिससे अधिक से अधिक रिसाव सम्भव हो। इस रिसाव की मात्रा मृदा के गठन, बनावट व नमी पर निर्भर करती है।

4.1– मृदा में जल की उपलब्धता:–

मृदा में उपलब्ध जल उसकी नमी धारण क्षमता व ग्लानि बिन्दु के बीच रहता है तथा मृदा के बहुत से गुणों पर निर्भर करता है। मृदा में संरक्षित जल की मात्रा में होने वाले परिवर्तन को हम निम्नलिखित सूत्र द्वारा व्यक्त कर सकते हैं:–

$$\Delta S = I - D - ET$$

जबकि

ΔS = सतही नमी की मात्रा (मिमी) में परिवर्तन

I = रिसाव

D = जड़ों की पहुँच से परे की तहों से निकास (मिली)

ET = वाष्पन–वाष्पोत्सर्जन (मिमी)

इस सूत्र में जड़ों वाली तहों में पानी के बहाव को नहीं लिया गया है। अगर इस सूत्र को हम ध्यानपूर्वक देखें तो पता चलेगा कि रिसाव (I) को बढ़ाकर हम मृदा में नमी की मात्रा का संरक्षण कर सकते हैं। कुछ संरक्षण वाष्पन–वाष्पोत्सर्जन की प्रक्रिया को कम कर के भी किया जा सकता है।

4.2– रिसाव बढ़ाने के उपाय :–

भूमि द्वारा जल सोखने की क्षमता मृदा में संरन्ध्रों व दरारों पर निर्भर है। संरन्ध्रता से ही मृदा की जल क्षमता पर प्रभाव पड़ता है। भुरभुरी मिट्टी में कड़ी मृदा की अपेक्षा अधिक संरन्ध्रता होती है।

मृदा के प्राथमिक कणों के समूह रूप में एकत्र होने की व्यवस्था को मृदा की संरचना कहते हैं। इस संरचना पर ही मध्यम तथा भारी मृदाओं के संरन्ध्रों की संख्या व वितरण निर्भर करते हैं। चाहे हम मृदा की संरचना को सीधे तौर पर नाप नहीं सकते, पर यह जानना आवश्यक है कि जल के रिसाव में इसका बहुत महत्व है।

बारानी भूमि में खास तौर पर लाल मिट्टी वाली भूमियों में वर्षा की बूंदों द्वारा ऊपरी परत सख्त होती जाती है तथा संरन्ध्र बंद हो जाते हैं। इसी पपड़ी को तोड़ने से या न बनने देने से मृदा की जल ग्रहण शक्ति बढ़ जाती है तथा भूमि में वर्षा के जल के रिसाव को बढ़ाया जा सकता है।

भूमि की रिसाव शक्ति को पेड़-पौधे लगाकर बढ़ाया जा सकता है। बढ़ती हुई जड़ें तहों को तोड़ देती है तथा गहरे संरन्ध्र बना देती हैं। जब जड़ें सूख जाती हैं तो भूमि के रिसाव के लिए छेद बन जाते हैं। फसलें उगने से बहने वाले जल की मात्रा में कमी पायी गयी है जिससे यह निष्कर्ष निकलता है कि भूमि में जल का रिसाव बढ़ा। पौधे लगाने से भूमि में सूक्ष्म जीवों की गतिविधियों में भी बढ़ोतरी होती है तथा मृदा की संरचना में परिवर्तन आता है। संरन्ध्रों की संख्या व कोशिकाएं बढ़ जाती हैं। मिट्टी में जैविक पदार्थों के बढ़ने से जैसे कि गोबर की खाद इत्यादि देने से भी रिसाव बढ़ता है।

रिसाव बढ़ाने के लिए प्राथमिक जुताई तथा बाद की जुताई या गुड़ाई का बहुत महत्व है। जुताई या गुड़ाई न केवल रिसाव बढ़ाती है बल्कि खरपतवारों पर नियंत्रण तथा धूल की सतह बिछा करके नमी का संरक्षण भी करती है।

4.2.1– फसलों के आवरण तथा बिछावन का प्रभाव:–

फसलों के आवरण का रिसाव पर प्रभाव हम पहले ही पढ़ चुके हैं। इस आवरण से भूमि पर पड़ने वाली धूप में भी कमी आती है तथा भूमि की सतह से वाष्पन की क्रिया कम हो जाती है। मृदा का तापमान भी छाँव की वजह से कम रहता है। बिछावन से न केवल रिसाव बढ़ता है, अपितु मृदा का भूक्षरण भी नहीं हो पाता। मृदा की सतह पर पपड़ी नहीं बनती व सोखने की गति बनी रहती है। धूप से बचाव करके बिछावन न केवल वाष्पन की क्रिया कम करती है बल्कि साथ ही जल का संरक्षण भी होता है। बारम्बार बिछावन का प्रयोग करने से मृदा में जैविक अंश बढ़ जाता है तथा सूक्ष्म जीवों की क्रिया बढ़ने से मृदा संरचना में परिवर्तन आ जाता है।

5. भारत में जल तथा मृदा संरक्षण पर किये गये अध्ययन

सन् 1954 में देश के विभिन्न क्षेत्रों में वन भूमि और उपजाऊ भूमि में मृदा संरक्षण के लिये 8 मृदा संरक्षण अनुसंधान केन्द्र स्थापित किये गये। इन केन्द्रों का उद्देश्य मृदा संरक्षण के लिये उचित उपाय विकसित करना था। इन अनुसंधान केन्द्रों की स्थापना से भारत में मृदा व जल संरक्षण अनुसंधान कार्य को एक ठोस आधार मिला।

इन केन्द्रों में हुए अनुसंधान के परिणामस्वरूप, मृदा जलवायु संबंधित विभिन्न परिस्थितियों के लिये मृदा व जल संरक्षण के उचित उपायों का पता लगाया गया। कृषि तथा मृदा (Soil) की विशेषताओं के आधार पर कन्तूर या श्रेणीकृत बंधों को सुझाया गया। समोच्च रेखा बंध (Contour bunds) कम वर्षा वाले इलाकों तथा अत:स्पंदन (Infiltration) तथा पारगम्यता (Permeability) रखने वाली मिट्टी के लिये उचित समझे गये। 400 मि.मी. या उससे अधिक वर्षा वाले इलाके के लिये श्रेणीकृत (Graded) बंधों को उपयुक्त माना गया। इसी प्रकार खड़ी ढलती और लहरदार (Undulating) भूमि पर श्रम तथा पूँजी प्रधान खेती (Intensive Farming) करने के लिये बैंच टेरेसिंग विधि को विकसित किया गया। बैंच टेरेस संरक्षण एक ऐसी विधि तथा प्रक्रिया है जो वर्षा प्रधान परिस्थितियों के अन्तर्गत धान उगाने के लिये विकसित की गयी है। अनुसंधान द्वारा यह देखा गया है कि जलाशय सहित टेरेस संरक्षण और बैंच क्षेत्र के 3:1 के अनुपात के द्वारा 88 प्रतिशत तक अधिक धान की पैदावार हुई।

उपर्युक्त मृदा संरक्षण प्रौद्योगिकी के साथ-साथ विभिन्न निर्धारित स्थानों पर वर्षा से होने वाले कटाव की संभावना पर जानकारी एकत्रित की गई। वार्षिक वर्षा तथा नील-गिरी के जलग्रहण क्षेत्र के लिये एक कार्य के रूप में अपवाह के प्रावकलन के लिये एक समीकरण भी विकसित किया गया।

तेईस अनुसंधान केन्द्रों पर अखिल भारतीय शुष्क भूमि कृषि समन्वित अनुसंधान परियोजना की शुरूआत होने पर मृदा संरक्षण अनुसंधान केन्द्रों में विकसित संरक्षण की प्रक्रियाओं को आजमाया गया। बहुत सी प्रक्रियायें मृदा क्षति तथा अपवाह को कम करने में प्रभावकारी सिद्ध हुई। तथापि इन प्रक्रियाओं का असर फसल पैदावार पर सार्थक नहीं रहा तथा मृदा नमी व्यवस्था के सुधार में इन प्रक्रियाओं के योगदान को पूरी तरह से परिभाषित नहीं किया गया। उसी प्रकार विभिन्न भूमिगत नमी संरक्षण उपायों का अध्ययन भी बारानी अनुसंधान केन्द्रों पर किया गया जो इस प्रकार है:—

1. जैसे कि बंध व टेरेस सीढ़ियाँ इत्यादि के समान भूमि का प्रतिपादन
2. बे-मौसम जुताई
3. ऊपरी परत पर बिछावन का उपयोग
4. कार्बनिक पदार्थों का उपयोग

इन प्रक्रियाओं के संयोजन से फसल पैदावार में सामान्य से 10 प्रतिशत से 20 प्रतिशत की बढ़ोतरी पायी गयी।

खेत में मृदा आर्द्रता के एक समान वितरण के लिये विभिन्न भूमि विन्यास जैसे कि चौड़ी क्यारी व कूंड प्रणाली, ग्रेड अनुसार समतल करना और बाद में डोल बांधना (Ridging), श्रेणीकृत बार्डर पट्टियां (Graded border strips) मृत कूड (Dead furrows) एवं उपखण्डीय बंधों (Compartmental bunds) आदि का प्रयास किया गया। ये अध्ययन इक्रीसेट (ICRISAT) के साथ मिल कर किये गये जिनके मुख्य परिणाम इस प्रकार हैं:—

इक्रीसेट द्वारा विकसित चौड़ी क्यारी तथा कूंड प्रणाली द्वारा उपज में लाभ न्यूनतम पाया गया वो भी केवल गहरी काली मिट्टी में । यह विधि अलफीसॉल (Alfisol) पर इसलिये कार्यकारी नहीं होती क्योंकि इस प्रकार की हल्की मिट्टियों में पपड़ी बनती है जो मिट्टी की हानि और अपवाह का कारण बनती है तथापि इस विधि को गहरी मिट्टी की जमीनों जिसमें वर्षा, तूफान के समय पानी भरने एवम् उसके जैसी समस्यायें होती हैं, के लिये सक्षम रूप से उचित पाया गया है ।

अलफीसॉल सहित हल्की मृदाओं में भूमि विन्यास जैसे कि समतल बुवाई एवं बाद में मेंड बन्धाई, पट्टीदार श्रेणीकृत बोर्डर (सापेक्षिक रूप से गहरी मिट्टी में), मृत कूड़ (Dead furrows) एवम् खण्डीय बंध द्वारा 25-30 प्रतिशत अधिक उपज का लाभ प्राप्त हुआ ।

बैंगलोर के बारानी अनुसंधान केन्द्र पर विकसित भूमि विन्यास के एक रूपान्तर को विशेष कर गहरी अलफीसॉल के लिये सापेक्षिक रूप में उचित पाया गया । रागी की फसल की पैदावार को सामान्य से 10 से 20 प्रतिशत बढ़ाने के अतिरिक्त यह विधि अपवाह की क्षति को 5 से 10 प्रतिशत तक कम करने में भी सहायक सिद्ध हुई । इस विधि का विस्तृत विवरण इस प्रकार है:—

(क) 10 से 20 मीटर चौड़ी पट्टियाँ भूमि के ढलान अनुसार बनाई गयी ।

(ख) 0.1 से 0.4 प्रतिशत तक का अनुलम्बन (Longitudinal grade) दिया गया है ।

(ग) वर्षा के जल के एक समान वितरण के लिये भूमि की पट्टियाँ आड़े-तिरछे रूप में समतल की गयी ।

(घ) दो बोर्डर पट्टियों के बीच में 0.1 से 0.2 वर्गमीटर का एक असबन्ध बनाया गया ।

बारानी अनुसंधान केन्द्र, हैदराबाद में अपवाह एवम् मिट्टी की हानि का अध्ययन किया गया । यह देखा गया कि अपवाह घास वाले इलाकों में 9.5 प्रतिशत तक होता है तथा यह जमीन पर उसी वनस्पति की स्थिति पर निर्भर है ।

इसी प्रकार मिट्टी की हानि घास वाले इलाकों में 0.60 टन प्रति है. से लेकर 5.0 टन प्रति है. तक होती है । इससे यह पता चला कि वर्षा पर निर्भर भूमियों पर वर्षा ऋतु के दौरान वनस्पति होना आवश्यक है ।

चूंकि श्रेणीकृत बंधों पर जो लाल चलका (Chalka) मिट्टी के लिये ठीक है पर कोई अनुसंधान अध्ययन सूचना उपलब्ध नहीं थी इसलिये इसका ऊपरी नाली सहित या बिना नाली के बंधों के लाभ की तुलना के लिये हैदराबाद में अध्ययन किया गया । प्राय: यह देखा गया कि नाली न रहने पर बंधों में यह लाभ 17 प्रतिशत था । बिना नाली वाले बंधों में उपज (पैदावार) का लाभ लगभग 20 प्रतिशत था ।

अखिल भारतीय शुष्क भूमि कृषि समन्वित अनुसंधान परियोजना के कुछ केन्द्रों पर

जल विज्ञान सम्बन्धी अध्ययन भी किया गया, तथा इन अध्ययनों से यह मालूम हुआ कि शुष्क एवम् अर्ध शुष्क वातावरणों में भी एक समय ऐसा आता है जब वर्षा का वेग अधिक होने से अपवाह होता है । यह अपवाह जो 10 से 30 प्रतिशत तक होता है पानी के संचलन तथा अपवाह के पुन: आवर्तन (Recycling) में लाभकारी हो सकता है । निरीक्षणों के परिणामस्वरूप जल-ग्रहण क्षेत्र, प्रभावोत्पाद आवरणों को ज्ञात करने, वृष्टि तथा अपवाह में सम्बन्ध, खोदे गये तालाबों के आकार, रिसाव की कमी, जल उत्थापक युक्तियों तथा संचयित पानी के कुशल उपयोग आदि पर अध्ययन आरम्भ किया गया । इन अध्ययनों के परिणाम अधोलिखित हैं:—

1. छोटे तालाबों के रूपांकन के लिये 100 से 250 घन मीटर प्रति हैक्टेयर अपवाह के अनुमान विभिन्न कृषि मौसम की परिस्थितियों में उचित है ।
2. (i) मिट्टी एवम् सीमेन्ट के लेप से केवल 10 से 30 प्रतिशत रिसाव हो पाया ।

   (ii) ईंटों पर प्लास्टर करके जिससे कि 0 से 4 प्रतिशत तक अन्त:स्रवण हो। इन दोनों में से किसी भी कार्य को तालाबों की परत बिछाने के लिये अपनाया जा सकता है ।
3. कुछ भारी मृदाओं (Heavy soils) में बिना परत वाले (Unlined) तालाबों में भी वर्षा काल समाप्त होने के 3-4 महीनों बाद तक भी जल संचयन बना रहता है ।
4. एकांतर सीमित खूड प्रणाली द्वारा एक सिंचाई से अनाज की अधिकतर फसलों में सामान्य से 50-100 प्रतिशत तक अधिक पैदावार की बढ़ोतरी होती है । विशेष रूप से जब संचयित पानी आर्द्रता प्रतिबल के लम्बे अन्तराल के दौरान जो सामान्यत: फसल की बढ़वार के मध्य काल में हो, दिया जाता है ।

अन्तत: बारानी अनुसंधान केन्द्रों में जो अनुभव प्राप्त हुआ उनकी सहायता से जलाशय के प्रतिरूप 1983 में आरम्भ किये गये । इन जलाशयों के संचालित अनुसंधान अनुभवों से यह मालूम हुआ कि लघु जलाशयों के लिये सभी उपायों जैसे कि अभियन्त्रण कार्य, वनरोपण, सस्य क्रियाओं को लगभग समान महत्व देते हुए अपनाना चाहिये ।

मध्यम ढलानों वाली स्थितियों में पुराने अभियान्त्रिक उपायों के स्थान पर जैविक उपायों को अपनाया जा सका है । कृषकों के विश्वास को प्राप्त करने के लिये प्रथम कोशिश के रूप में साधारण सस्यीय उपायों जैसे कि बे-मौसम जुताई तथा मूल-रेखिक खेती (Key line cultivation) जिनके कारण खेती के काम में बाधा कम होती है, को अपनाया जा सका । बाद में अधिक समय तक होने वाले लाभ के लिये मशीनी/यांत्रिक (Mechanical) उपायों को तैयार किया जा सका ।

विशेष रूप से ऊपरी परत में जल संरक्षण के लिये उथली जुताई (Shallow tillage) तथा कार्बनिक बिछावन (Organic mulches) के उपयोग के लाभकारी परिणाम सामने आये।

इसके अलावा बिछावन के कारण पौध आविर्भाव के लिये अनुकूल मृदा का तापमान 24 से 34 घन्टे तक बढ़ जाता है तथापि कार्बनिक बिछावन वर्षा उपरान्त मौसम में उगायी जाने वाली फसलों के विकास के लिये ही उपयोगी होता है ।

सन् 1987 के सूखे के अनुभवों से जल संचयन की संरचनाओं जैसे कि मिट्टी के भराव, खोदे गये तालाब, बांध (Check dams), अन्त:स्वण टंकिया (Percolation tanks) गली प्लग सबमरसीबल (Submersible) बंधियों की अनिवार्यता का पता चला ।

इन उपायों द्वारा फसल की पैदावार की बढोतरी अलावा कुओं के भूमि जल के सुधार में भी सहायता मिली ।

इन ढाँचों के परिणामस्वरूप भूमिगत जल स्तर में विभिन्न स्थानों पर बनाई गयी इन संरचनाओं के परिणामस्वरूप 1-4 मीटर का सुधार हुआ है ।

तालिका – 4.1: पौधों द्वारा प्रदत्त आवरण का 1.5 प्रतिशत ढलान वाली भूमि पर प्रभाव, बैंगलोर (1979)

अभिक्रिया	बहाव (प्रतिशत)			मृदा की हानि (टन/है.)		
	अवधि I	अवधि II	अवधि III	अवधि I	अवधि II	अवधि III
बाजरा	20.8	14.5	30.6	0.77	0.510	0.65
मूँगफली	18.2	0.7	24.1	0.63	0.020	0.47
रागी	18.7	0.3	18.6	0.60	0.005	0.41
मक्का	13.4	5.0	8.6	0.39	0.050	0.20

नोट : I. बुआई व जुताई से पहले, II. जुताई के बाद व बिजाई से पहले, III. बिजाई के बाद

तालिका – **4.2**: विभिन्न फसलों का जल के बहाव व मृदा के कटाव पर प्रभार

फसल	बहाव (मि.मी.)	वर्षा का प्रतिशत	मृदा की हानि (टन/है.)
ज्वार	85.8	12.0	3.2
बाजरा	77.1	10.8	2.0
अरण्डी	112.1	15.7	4.0
जुती (पर खाली जमीन)	118.9	16.6	5.0
घास	64.7	9.5	0.6

तालिका – **4.3** : भूमि की ढलान की लम्बाई का अरंडी की उपज पर प्रभाव

ढलान वाले क्षेत्र की लम्बाई (मीटर)	उपज (क्विं/है.)
60	9.3
90	11.1
120	8.5
150	9.2

तालिका – **4.4** : कुंड की लम्बाई का मक्का की उपज पर प्रभाव

कुंड की लम्बाई	बहाव (मि.मी.)		मृदा की हानि (टन / है.)	उपज (क्विंव / है.)
	बिजाई से पहले	बिजाई के बाद		
30	15.4	15.9	2.3	24.7
60	5.9	12.3	3.2	36.4
90	12.4	26.2	8.3	31.2
120	73.4	25.6	4.6	27.2

अध्याय — 5

जुताई की विधियाँ व महत्व

भारत के बारानी क्षेत्रों में गर्मी के मौसम में खेत प्रायः खाली रहते हैं । उनमें कोई भी फसल प्राप्त करना संभव नहीं है क्योंकि सिंचाई के साधन प्रायः उपलब्ध नहीं होते हैं । यह समय जल संरक्षण के कार्यों में उपयोग किया जा सकता है । गर्मी के मौसम की जुताई का खरपतवारों के नियंत्रण व जल संरक्षण में विशेष महत्व है । पिछले कुछ वर्षों से न्यूनतम जुताई के बारे में बहुत से विचार उठे हैं तथा प्रयोग हुए हैं जिससे समय, श्रम, धन, मशीनों तथा पशुओं पर खर्च कम किया जा सके । बारानी खेती में अधिक ध्यान जल संरक्षण पर दिया गया है तथा वर्षा के सदुपयोग के लिये विशेष जुताई विधियाँ आवश्यक हैं । जुताई को कम करने से बारानी खेती के लिये वर्षा के पानी का भूमि में रिसाव कम हो जाता है तथा फसलें नमी की कमी से सूख जाती हैं । इस कारण जुताई का महत्व बारानी खेती में सदैव बना रहेगा ।

खरपतवारों के कारण भारत में लगभग 27 प्रतिशत फसल की उपज का नुकसान होता है । चूंकि रासायनिक विधियों से खरपतवारों पर नियंत्रण महंगा पड़ता है, इसलिये यांत्रिक क्रियाओं से ही इन पर नियंत्रण की विधियाँ विकसित की गयी हैं । खुरपी, हंसिया, हाथ से चलने वाली ''हो'', बैलों से चलने वाले यन्त्र इत्यादि विकसित हुए हैं तथा प्रयोग किये जा रहे हैं ।

बारानी खेती में न केवल जुताई का महत्व है वरन् इसका उचित समय पर किया जाना तो और भी ज्यादा महत्व रखता है । वर्षा से पहले तथा वर्षा के बाद जुताई आवश्यक है । वर्षा से पहले की जुताई मिट्टी की ऊपरी परत को तोड़ कर उसकी जल ग्रहण शक्ति को बढ़ा देती है । पानी ऊपर से कम बह पाता है तथा जमीन में ज्यादा रिसता है । बाद में की गयी जुताई द्वारा धूल की परत बिछ जाती है तथा पानी कम उड़ता है तथा नीचे की तहों में सुरक्षित रहता है । इस प्रकार जुताई के उचित समय का ध्यान रखना बहुत आवश्यक है ।

1. विभिन्न परिस्थितियों में जुताई की आवश्यकताएँ

भारत के विभिन्न क्षेत्रों में विभिन्न प्रकार की मृदायें, वर्षा की अवधि व फसलें होती हैं तथा इन्हीं के अनुसार जुताई का समय, संख्या इत्यदि का निर्धारण होता है । जुताई की आवश्यकता सभी क्षेत्रों में है, इस बात से इन्कार नहीं किया जा सकता । बारानी खेती परियोजना के विभिन्न केन्द्रों पर जुताई के सन्दर्भ में कई प्रयोग किये गये हैं । ये केन्द्र मृदा की किस्म

के अनुसार निम्नलिखित वर्गों में बाँटे जा सकते हैं:—

1. लाल मृदा वाले— अनन्तपुर, बैंगलोर, हैदराबाद
2. काली मृदा वाले— अकोला, बैलारी, बीजापुर, इन्दौर, झाँसी, कोविलपट्टी, राजकोट, रीवा, शोलापुर, उदयपुर
3. जलोढ मृदा वाले— आगरा व वाराणसी
4. सीरोजेम मृदा वाले— दान्तीवाड़ा, हिसार, जोधपुर
5. उपपर्वतीय मृदायें— देहरादून, होशियारपुर व रख-घियानसर

इन केन्द्रों पर हुए जुताई परीक्षणों द्वारा बहुत से परिणाम सामने आये हैं तथा इनके आधार पर जुताई की विभिन्न विधियों का जल संरक्षण, उपज में वृद्धि इत्यादि प्रभावों को समझने में सहायता मिली है ।

1. लाल मृदायें :— लाल मृदाओं में मटियार का अंश आमतौर पर कम होता है तथा इनका गठन हल्का होने की वजह से वर्षा के बाद पपड़ी बनने की समस्या इन मृदाओं में बहुत गंभीर है । भारतीय बारानी कृषि अनुसंधान संस्थान, हैदराबाद, में इस प्रकार की मिट्टी में ज्वार व अरण्डी की फसलों पर काम किया गया है । इन फसलों में किसानों द्वारा अपनाई जाने वाली विधियों जैसे कि ज्वार में देशी हल से जुताई करते ही बुआई तथा अरण्डी में देशी हल से आड़ी जुताई के मुकाबले वर्षा से पहले की उथली जुताई तथा उसके बाद चौड़े फाल वाले "हैरो" से जुताई का परीक्षण किया गया । तथोपश्चात् इन फसलों पर गहरी जुताई के प्रभाव का भी अध्ययन किया गया । गहरी जुताई के लिये एक ट्रेक्टर से चलने वाला दो तवों वाला डल्टावां मोल्ड बोर्ड हल प्रयोग में लाया गया ।

ज्वार व अरण्डी पर विभिन्न जुताई विधियों का प्रभाव तालिका 5.1 में दर्शाया गया है । इस तालिका से स्पष्ट होता है कि ज्वार की उपज में 30 प्रतिशत वृद्धि उथली जुताई से संभव हुई जबकि गहरी जुताई से यह वृद्धि 57 प्रतिशत तक बढ़ाई जा सकी । अरण्डी में उथली जुताई का कोई खास प्रभाव नहीं पड़ा, जबकि गहरी जुताई से 42 प्रतिशत तक वृद्धि सम्भव हुई ।

अनन्तपुर (लाल रेतीली दोमट मिट्टी) में मोल्ड बोर्ड हल द्वारा गहरी जुताई के लगभग दो वर्षों तक प्रभाव रहे । यह भी पाया गया कि जुताई गहराई घासपात की सघनता से भी प्रभावित हुई । इस तरह के परिणाम बैंगलोर केन्द्र से प्राप्त हुए । दरअसल 30 से.मी. तक गहरी जुताई से वर्षा की नमी 90 से.मी. की गहराई तक जा पाई । जबकि बिना जुती जमीन में नमी 60 से.मी. गहराई तक ही प्रवेश कर सकी। इस प्रकार जल का संरक्षण बढ़ गया तथा उसका असर फसल की उपज पर पड़ा ।

2. जलोढ मृदायें:— दोमट मृदाओं की अपेक्षा जलोढ मृदाओं में जल धारण क्षमता कम होती है । इसी प्रकार इन मृदाओं में पोषक तत्वों को रख पाने की क्षमता भी कम होती है । ये मृदायें काफी गहरी होती हैं तथा वर्षा पर्याप्त हो तो दोनों मौसमों में जैसे कि मानसून व रबी के दौरान फसल प्राप्त की जा सकती है । चूंकि अधिकांश बारानी क्षेत्रों में वर्षा अपर्याप्त होती

है, इसलिये केवल मानसून की फसल ही हो पाती है । अगर जल संरक्षण बढ़ाया जा सके तो दो फसलें सम्भव हैं । वाराणसी केन्द्र पर रबी के मौसम में विभिन्न जुताई विधियों का जौ तथा मसूर की फसलों पर प्रभाव देखा गया । यह पता चला कि ट्रेक्टर से चलने वाली तवेदार कल्टीवेटर से भूस्तरीय जुताई तथा एक बार आड़ी-तिरछी जुताई करने से तथा उसके बाद पाटा लगाने से जौ की उपज 23.3 किंव. प्रति है. हुई जबकि किसान की विधि से (जिसमें कि कोई जुताई नहीं की जाती थी) उपज 13.3 किंव./ है. प्राप्त हुई । इसी प्रकार जुताई से मसूर की 9.4 किंव./ है. उपज प्राप्त हुई जबकि बिना जुताई से केवल 8.4 किंव./ है. की उपज प्राप्त की जा सकी ।

3. काली मृदायें:– लाल जलोढ मृदाओं की अपेक्षा काली मृदाओं में जल धारण क्षमता बहुत अधिक होती है । ये मृदायें अधिक उपजाऊ व पोषक तत्वों से भरपूर होती हैं । इन मृदाओं की गहराई काफी गहरी होती है । इन मृदाओं में करीब 30 से 70 प्रतिशत तक मटियार का अंश पाया जाता है । कहीं-कहीं इनकी गहराई कम भी होती है क्योंकि ये मृदायें बहुत भारी होती हैं, इनमें वर्षा के पानी का रिसाव कम होता है । खेत में पानी खड़ा हो जाता है तथा दरारें पड़ जाने से मृदा की नमी क्षीण हो जाती है । इन मृदाओं के भारी होने के कारण इनमें जुताई करने में बहुत मुश्किल आती है परन्तु इन मृदाओं में रबी की फसल बहुत अच्छी होती है । ज्वार की पैदावार इन क्षेत्रों में रबी के मौसम से भी अच्छी होती है । इस फसल पर शोलापुर केन्द्र में एक अनुसंधान कार्य किया गया जिसमें रबी के मौसमों की ज्वार में 5 साल तक जुताई व गुड़ाई का असर देखा गया । हल तथा हैरो से गहरी जुताई, हैरो से हल्की उथली जुताई तथा गुड़ाई इत्यादि का प्रभाव पता लगाने के बाद यह निष्कर्ष निकला कि तीन से चार बार हैरो से उथली जुताई या एक बार हल से गहरी व दो बार हैरो द्वारा जुताई काफी लाभकारी है (तालिका- 5.2) ये परिणाम मुख्यत: अच्छी तैयारी, बीजों के अच्छे फुटाव, उचित समय पर खरपतवारों का नियन्त्रण तथा उन्नत नमी के संरक्षण के कारण प्राप्त हो पाये ।

4. सिरोजेम मृदायें:– सिरोजेम मृदायें बहुत हल्की होती हैं तथा इनमें बालु मटियार या बालुई मटियार किस्म की होती हैं, इस वजह से इस प्रकार की मिट्टी की जल धारण क्षमता बहुत कम होती है तथा इनमें पोषक तत्वों की भी कमी होती है । इन मृदाओं में भी पपड़ी बनने की समस्या गंभीर है तथा मृदा का भूक्षरण वायु तथा जल द्वारा बहुत मात्रा में होता है । सिंचाई की उपलब्धता से तो इन मृदाओं में दोहरी फसल प्रणाली अपनायी जा सकती है किन्तु बारानी क्षेत्रों में केवल मानसून के मौसम में ही संभव है । इन मृदाओं में जुताई कार्य बहुत आसान है । गहरी जुताई अगर बिजाई से बहुत पहले कर दी जाय तो भूक्षरण की मात्रा बढ़ जाने की सम्भावना बनी रहती है । हर वर्षा के बाद हल्की जुताई द्वारा नमी का संरक्षण किया जा सकता है । हिसार केन्द्र में बहुत से प्रयोग किये हैं तथा यह परिणाम प्राप्त हुए हैं कि देशी हल से दो बार जुताई या डिस्क हैरो चलाने से खरीफ की फसलों की बिजाई के लिये सही खेत तैयार हो जाता है । रबी की फसलों की बिजाई के लिये हर वर्षा के बाद जुताई आवश्यक है तथा

यह जुताई देशी हल तथा हैरो से की जा सकती है । इसी प्रकार जोधपुर केन्द्र में ग्वार की फसल पर एक प्रयोग किया गया। इसमें ट्रैक्टर द्वारा डिस्क हैरो व कल्टीवेटर द्वारा निराई गुड़ाई जुताई रहित अवस्था से मुकाबला किया गया, जिसमें केवल खुरपी से निराई गुड़ाई की गयी थी । यह पाया गया कि जुताई द्वारा 27 प्रतिशत अधिक उपज प्राप्त हुई । जुताई न करने की अवस्था में बिजाई के समय तो खेत में अधिक नमी थी परन्तु बाद में कम रह गयी । जबकि जुते हुए क्षेत्र में बाद में नमी पाई गयी जिससे कि पौधों की बढ़वार व उचित संख्या में बालियाँ बनने से सहायता मिली ।

5. उपपर्वतीय भृदायें:– उपपर्वतीय मृदायें दोमट या सिल्ट दोमट किस्म की होती हैं । चूंकि इन इलाकों की भूमि ऊंची नीची है वर्षा के कारण भू-संरक्षण की समस्या बहुत गंभीर है । जुताई के बारे में होशियारपुर केन्द्र पर एक प्रयोग किया गया जिसमें चार तरीकों से जुताई की गयी । ये विधियाँ इस प्रकार थी ।

1. उथली जुताई
2. 25 सेन्टीमीटर गहरी जुताई
3. एक मीटर की दूरी पर चिजल से जुताई
4. चिजल से जुताई व जैविक अवशिष्ट

इन विधियों पर किये गये प्रयोग से पता चला कि वर्षा के अनुपात का बहुत महत्व है । सन् 1977 में जब कि मानसून की वर्षा जल्दी खत्म हो गयी तब गहरी व चिजल द्वारा जुताई बहुत फायदेमंद साबित हुई । इनसे जल का संरक्षण अधिक हुआ व उथली जुताई के मुकाबले मक्का की दो गुनी पैदावार हुई । इसी प्रकार गेहूँ में चिजल द्वारा जुताई से उथली जुताई के मुकाबले तीन गुना पैदावार प्राप्त की गयी । लेकिन जिन वर्षों में खरीफ की वर्षा अधिक हुई तब मक्का की फसल उथली जुताई से अधिक प्राप्त हुई जबकि गहरी व चिजल द्वारा जुताई करने से कम पैदावार हुई ।

2. उथली या गहरी जुताई

विभिन्न केन्द्रों पर हुए परीक्षणों से जो परिणाम प्राप्त हुए हैं , उनसे ये निष्कर्ष निकलता है कि गहरी जुताई केवल तीन परिस्थितियों में ही करनी चाहिये ।

ये परिस्थितियाँ हैं:—

1. उन क्षेत्रों में जहाँ कि भूमि के नीचे कड़ी परत हो । यह कड़ी परत लगातार कई दशकों से देशी हल से जुताई करने के कारण बहुत से क्षेत्रों में बन गयी है ।

2. उन क्षेत्रों में जहाँ कि मौथा व दूब इत्यादि खरपतवार बहुत अधिक हैं तथा नियन्त्रण कठिन है ।

3. उन क्षेत्रों में जहाँ कि मृदा का घनत्व बहुत अधिक है तथा मटियार की मात्रा बहुत अधिक है । इन क्षेत्रों में 30 से 45 से.मी. गहरी तथा 60 से 120 से.मी. दूरी पर चिजल

हल द्वारा जुताई काफी महत्वपूर्ण है ।

इन परिस्थितियों के विपरीत अगर मृदा हल्की है तथा ऊपर लिखी समस्यायें नहीं हैं तो उथली जुताई करने से:—

1. भू-संरक्षण को रोका जा सकता है ।
2. जल का संरक्षण किया जा सकता है ।
3. खरपतवारों की रोकथाम हो सकती है ।
4. मृदा को भुरभुरा और हवादार बनाया जा सकता है ताकि बीजों का फुटाव अच्छा हो ।
5. कीट व्याधियों के अंडे, लारवे, कैटर पिलर व प्यूपा खत्म किये जा सकते हैं ।
6. खाद वगैरा को मिट्टी में भलीभाँति मिलाया जा सकता है, तथा
7. पिछली फसल के अवशिष्टों को सड़ने गलने के लिये जमीन में दबाया जा सकता है ।

तालिका — **5.1** : हैदराबाद में ज्वार व अरण्डी की उपज पर जुताई की विधियों का प्रभाव **(2** वर्ष के परिणाम)

जुताई की विधि	ज्वार (क्विं / है.)	अरण्डी (क्विं / है.)
1. किसान की विधि	21.4	10.2
2. बैलों से चलने वाले मोल्डबोर्ड हल से जुताई तथा चौड़े फाल के हैरो से जुताई	30.8	10.8
3. ट्रेक्टर से चलने वाले मोल्डबोर्ड से जुताई तथा फाली वाले कल्टीवेटर से जुताई	33.4	14.5

तालिका — **5.2** : विभिन्न जुताई विधियों का रबी ज्वार के दानों तथा कड़वी की उपज पर प्रभाव

जुताई की विधियाँ	**5 वर्ष की औसत उपज**	
	दाने (क्विं/ है.)	कड़वी (क्विं/ है.)
1. बिना जुताई व खरपतवार नियन्त्रण के	1.23	2.30
2. हल, दो बार हैरो व निराई-गुड़ाई	5.38	12.60
3. हल, दो बार हैरो, बिना निराई-गुड़ाई	4.26	9.57
4. तीन से चार बार हैरो से जुताई व निराई गुड़ाई	5.79	13.26
5. तीन से चार बार हैरो, बिना निराई गुड़ाई	4.72	11.59

अध्याय— 6 एवं 7

बारानी फसलों में पौध सुधार व उन्नत किस्में

पिछले कुछ दशकों में बारानी फसलों की नई प्रणालियाँ विकसित करने की दिशा में सराहनीय कार्य हुआ है । अखिल भारतीय बारानी कृषि अनुसंधान परियोजना के कई केन्द्रों पर ज्वार, अरण्डी, जौ, गेहूँ, बाजरा, सूरजमुखी व बहुत सी अन्य फसलों पर प्रजनन द्वारा बहुत सी नई किस्में समय-समय पर विकसित की गईं तथा इनको कई केन्द्रों पर उगा कर देखा गया । इस अध्याय में बारानी क्षेत्रों के लिये विशेषकर सूखा सहने की क्षमता रखने वाली किस्मों के विकास कार्य के सिद्धान्तों का वर्णन सबसे पहले किया गया है । इसके पश्चात् बारानी फसलों की उन्नत किस्मों का ब्यौरा भी दिया गया है ।

1. सूखे के प्रतिरोध की क्षमता

संसार के किसी न किसी कोने में हर साल सूखा अवश्य पड़ता है तथा इससे होने वाले नुक्सान को सीधे तौर पर तो हम खड़ी फसल की हानि के रूप में ही माप सकते हैं । अप्रत्यक्ष रूप से इसका प्रभाव अनेकों प्रकार का होता है । कुछ क्षेत्रों में तो बुआई ही नहीं हो पाती है। पशुधन की हानि भी गंभीर रूप से होती है । सभी कृषि पर आधारित उद्योगों पर इसका असर पड़ता है । हर वस्तु की कीमत बढ़ जाती है । राहत सामग्री पर भी खर्चा होता है । इस प्रकार सूखे का प्रभाव प्रत्यक्ष व अप्रत्यक्ष दोनों रूपों में बहुत अधिक है । चूंकि बारानी क्षेत्रों में सिंचाई की सुविधा नहीं है इसलिये इस हालत से उबरने के लिये या तो हमें जल का संरक्षण करना होगा, जैसा कि हमने अध्याय 4 में पढ़ा, या फिर हमें ऐसी किस्में विकसित करनी होगी जो कि सूखे के प्रभाव को सह कर उसका प्रतिरोध कर सकें । सूखे की हालत में पौधों की बढ़वार व जिन्दा रहने की क्षमता दो तरह से होती है:—

1. सूखे से बच निकलना
2. सही तौर पर सूखे का प्रतिरोध

1.1– सूखे से बच निकलना:—

कुछ पौधों की प्रजातियाँ व किस्में भूमि में नमी की कमी की अवस्था आने से पहले ही पक कर तैयार हो जाती हैं । कुछ में नमी की कमी होते ही फूल आ जाते हैं व फल बन जाते हैं । इस प्रकार की किस्में सूखे से बच निकलती हैं तथा अप्रत्यक्ष रूप से सूखे का प्रतिरोध करती हैं ।

1.2 – सही तौर पर सूखे का प्रतिरोध:—

इस प्रकार के प्रतिरोध के दो तरीके हैं:—

(क) सूखे के प्रभाव को टालना

(ख) सूखे के प्रभाव को सहना

(क) सूखे के प्रभाव को टालने की क्षमता:—

सूखे के प्रभाव को टालने की क्षमता का अभिप्राय सूखा पड़ने की हालत में भी जल संतुलन व स्फीति बनाये रखे जाने की क्षमता से है । सूखे के प्रभाव को टालने की क्षमता मुख्यत: पौधों की आकारिकी व संरचना पर निर्भर करती है । सूखा पड़ने की स्थिति में कई प्रजातियाँ या उनकी किस्में अपनी आकारिकी व संरचना में इस प्रकार का परिवर्तन ले आने की क्षमता रखती हैं जिससे कि सूखे के प्रभाव को कुछ सप्ताह या दिनों के लिये टाला जा सके । इस बीच ये पौधे अपनी जननात्मक क्रिया पूरी कर लेते हैं तथा फूल व फल बना लेते हैं ।

(ख) सूखे के प्रभाव को सहने की क्षमता:—

जब पौधे में जल की कमी हो जाती है परन्तु इसके बावजूद भी वह इसको सहने की क्षमता रखता हो तब हम इस प्रकार के प्रतिरोध को पौधे की सहन शक्ति कह सकते हैं । यह प्रतिरोध पौधे के कुछ येंत्रिक गुणों जैसे कि जल की कमी का प्रतिरोध, पंत्तियों को मुर्झा न देने का गुण, प्रोटीन की कमी न होने देने की शक्ति, इत्यादि के कारण सम्भव होता है ।

2. सूखा प्रतिरोध शक्ति

पिछले दशक में उन्नत सूखा प्रतिरोध शक्ति के लिये प्रजनन के क्षेत्र में काफी काम हुआ है । इस कार्य के लाभ का पता तो कुछ समय पश्चात् ही चलेगा लेकिन इससे भविष्य में बारानी फसलों में पौध प्रजनन की विधियों की कम नमी वाले वातावरण में अपनाने हेतु नई दिशा मिली है । इन कार्यों से सूखा प्रतिरोध शक्ति के लिये प्रजनन की चार मुख्य धारायें इस प्रकार हैं:—

इनमें से एक विचारधारा है कि पहले तो साधारण वातावरण के अनुसार अधिक उपज देने वाली किस्में विकसित की जायें तथा उसके बाद उनके बारे में यह मान लिया जाय कि ये साधारण से कम जल उपलब्धता के वातावरण के लिये भी उपयुक्त ही होंगी । गेहूँ (ट्रिटीबेल) व जौ पर अनुसंधान करने से पता चला कि जो किस्में साधारण वातावरण में अधिक उपज देने वाली थीं, वे ही किस्में सूखे के वातावरण में भी अच्छी साबित हुईं ।

दूसरी विचारधारा यह है कि सूखे के प्रतिरोधन का अनुमान लगाने के लिये सूखे वातावरण में ही प्रजनन कार्य होना चाहिये । लेकिन इस विधि में यह कमी है कि एक वर्ष का वातावरण दूसरे वर्ष जैसा नहीं होता तथा अप्राकृतिक सूखे का वातावरण हर वर्ष बनाया जाये तो वह बहुत खर्चीला होगा । उपज तथा उसके अन्य घटकों के लिये वंशागतित्व (हेरीटेबिल्टी) भी कम होगी तथा इससे चयन द्वारा प्रजनन की गति धीमी पड़ जायेगी ।

कुछ पौध प्रजनन वैज्ञानिकों ने इन सब कारणों से एक तीसरी विचारधारा को अपनाया है । इसके अनुसार प्रजनन कार्यक्रमों में पादप क्रियात्मक तथा आकारिकी से सम्बन्धित उन

गुणों के लिये भी चयन किया जाय जो कि पौधे द्वारा सूखे का प्रकोप सहने, टालने या सूखे से बचाव इत्यादि के लिये आवश्यक हैं। इसके लिये कुछ तरीके भी निकाले गये हैं। सूखा प्रतिरोधी कुछ गुणों या चरित्रों की पहचान करने के बाद प्रजनन के सामान्य कार्यक्रमों के "एफ-5" व "एफ-6" चरण के दौरान इन गुणों के लिये चयन की आवश्यकता की सिफारिश की है। इस विधि को गेहूँ पर चल रहे प्रजनन अनुसंधान कार्यों को इजराइल में अपनाया गया है।

चौथी विचारधारा बहुत से पादप क्रियात्मक गुणों पर आधारित चयन करने की बजाय किसी एक ऐसे गुण पर आधारित प्रजनन व चयन में विश्वास रखती है जिसका कि प्रभाव सूखा प्रतिरोध के लिये सिद्ध किया जा चुका है। अनुसंधान से पता चला कि जब फसल को संरक्षित नमी पर ही गुजारा करना हो तब जड़ों की हाइड्रोलिक प्रतिरोध शक्ति को बढ़ाने से उपज बढ़ जाती है। गेहूँ में दस साल के एक प्रजनन कार्यक्रम, जिसमें कि जड़ों की हाइड्रोलिक प्रतिरोध-शक्ति बढ़ाने पर कार्य हुआ, से बहुत ही रोचक परिणाम मिले हैं। जिन सन्ततियों की प्रारंभिक जड़ों की दारू वाहिकायें संकरी थीं, जल की कमी के वातावरण में उनकी उपज चौड़ी दारू वाहिका वाली सन्ततियों से अधिक थी। इसी प्रकार बहुत से अन्य कार्यक्रमों से भी सूखा प्रतिरोध शक्ति बढ़ाने में मदद मिली है।

3. कम नमी के वातावरण के लिये उपयुक्त किस्मों का चयन

जैसा कि पहले वर्णन किया जा चुका है, कम नमी के वातावरण के लिये उपयुक्त किस्मों के प्रजनन के समय दो गुणों में से कोई भी एक आवश्यक है। सूखे का प्रभाव होने से पूर्व ही पक कर तैयार हो जाना या सूखे के प्रभाव को टालना या सहना। इन गुणों के लिये कुछ घटकों के आधार पर चयन किया गया है जो इस प्रकार है:—

1. शीघ्र पक कर तैयार होना
2. जड़ों की बढ़वार
3. रन्ध्रों का नियंत्रण
4. उपत्वची प्रतिरोध शक्ति
5. रन्ध्रों की संख्या,
6. कोशिका स्फीति
7. रासायनिक गुण जैसे कि प्रोटीन का संचय, स्वतन्त्र एबसिसिक अम्ल की मात्रा का बढ़ना, तथा नाइट्रेट रिडक्टेज प्रक्रिया में बदलाव इत्यादि सूखा प्रतिरोध शक्ति के तीन मानक इस प्रकार हैं:—

1. पौधों में पत्तों का जल विभव अधिक रख पाने की क्षमता होना। यह सम्भव है यदि जड़ों की बढ़वार खूब घनी हो तो।
2. रन्ध्र जल की कमी नियंत्रित कर पाने में सबल होना।

3. पौधे में गर्मी व निर्जलन सहने की क्षमता होना ।

भविष्य में पादप क्रियात्मक अनुसंधान कार्य से पादप प्रजनन के कार्यक्रमों में काफी मदद मिलने की संभावना है तथा सूखा प्रतिरोधी किस्मों के विकास कार्यों में काफी उन्नति होगी ।

4. भारत में बारानी फसलों की उन्नत किस्में

बारानी क्षेत्रों में उन्नत किस्मों के महत्व को तालिका 6.1 में दर्शाया गया है । इन आंकड़ों से पता चलता है कि केवल उन्नत किस्म के अपनाने से ही उपज में काफी बढ़ोतरी प्राप्त की जा सकती है ।

प्रजनन के द्वारा सभी बारानी फसलों में बहुत सी उन्नत किस्में विकसित की गई हैं । केन्द्रीय बारानी कृषि अनुसंधान द्वारा प्रकाशित पुस्तक ''एफिशियेन्ट मैनेजमेन्ट ऑफ ड्राइलैन्ड क्राप्स'' में बहुत से वैज्ञानिकों ने इन फसलों की उन्नत किस्मों व कृषि विधियों के बारे में जानकारी दी है । उन्नत किस्मों के बारे में वर्णन निम्नलिखित है:–

1. चावल:–

सीधी जुताई व बारानी क्षेत्रों के लिये उन्नत किस्मों में निम्नलिखित गुण होने चाहियें:—

1. अधिक व स्थायी उपज ।
2. अच्छी वर्धी बढ़वार, चौड़े झुके पत्ते जो कि जल्दी ही जमीन को ढक कर खरपतवार न बढ़ने दें ।
3. जल्दी पकने वाले ।
4. मृदा की खराब हालत को सहने की क्षमता रखने वाले ।
5. सूखे का प्रतिरोध व उससे बचने की क्षमता रखने वाले ।
6. सूखे के बाद स्वस्थ हो पाने की क्षमता रखने वाले ।

वास्तविक रूप में बारानी क्षेत्रों के लिये चावल की किस्म विकसित करने के लिये नीति अनुसार कोई कार्य नहीं किया गया है । फिर भी कुछ किस्मों की पहचान की गयी है जो तालिका 6.2 में दी गयी है ।

2. ज्वार:–

पिछले दो दशकों में ज्वार में काफी व्यवस्थित पादप प्रजनन का कार्य शुरू हुआ है जिसके फलस्वरूप बहुत सी किस्में व अन्य उन्नत किस्में विकसित हुई हैं । इनमें से खरीफ में बोयी जाने वाली किस्मों के बारे में जानकारी तालिका 6.3 में दी गयी है ।

इन किस्मों के अलावा कुछ संकर किस्में जैसे कि कोविलपट्टी टाल, यू एस एच-1 तथा अन्य किस्मों की जैसे कि को-21, को-23, को-24, तमिलनाडू में; एस पी वी-35, एस

पी वी 73 तथा डी एच-1, कर्नाटक में; एस पी वी 142 आन्ध्र प्रदेश में; एस पी वी-2, मध्य प्रदेश में; जी वे 35 गुजरात में; एस पी वी 245, राजस्थान तथा गुजरात में; एस पी वी 96 राजस्थान के पाली जिले के लिये सिफारिश की गयी है। इनके अतिरिक्त हर वर्ष उन्नत किस्में विकसित की जा रही हैं तथा उन पर परीक्षण किये जा रहे हैं।

खरीफ की ज्वार के अलावा दक्षिण भारत में, खास तौर पर काली मिट्टी वाले क्षेत्रों में, रबी के मौसम में भी ज्वार की फसल ली जाती है। मानसून की वर्षा के जल का संचय करके ही यह फसल सम्भव है। एम-35-1 किस्म लगभग 50 वर्षों से चली आ रही है तथा अभी तक उसका उत्पादन अच्छा है। इस किस्म में कम नमी की स्थिति सहने की क्षमता है तथा दानों के अतिरिक्त इससे कड़वी भी अच्छी मात्रा में प्राप्त होती है। यह किस्म 130 से 135 दिन में पक कर तैयार हो जाती है। हालांकि बहुत से प्रयत्न किये गये हैं तथा प्रजनन द्वारा अच्छी किस्में निकाली गयी हैं परन्तु यह किस्में नमी की स्थिति में ही अधिक उपज देती है। नमी की कमी की अवस्था में एम-35-1 ही अच्छी किस्म है तथा किसानों में लोकप्रिय है।

पिछले कुछ वर्षों के दौरान सी एस एच-8 आर, एस पी वी-87 व एस पी वी 504 विकसित की गयी है। आशा है कि एस पी वी 504 किसानों की कसौटी पर खरी उतरेगी।

3. बाजरा–

बाजरा की संकर किस्मों की उत्पादन क्षमता दूसरी किस्मों से कहीं अधिक पायी गयी है। पिछले दशक के दौरान विकसित संकर किस्मों में से एच. बी.-3 की उत्पादन क्षमता व जलोपयोग शक्ति अधिक पाई गई। बहुत सी अन्य संकर किस्में विकसित हुईं परन्तु कुछ किस्में जैसे कि बी.जे. 104, बी.के.-560, बी.डी. 11, व बी.डी. 763 से दानों की उपज अधिक प्राप्त हुई तथा साथ ही साथ कड़वी भी अधिक प्राप्त हुई।

हरे पत्तों व अरगट बीमारियों की वजह से ये संकर किस्में स्थानीय न रह सकीं। इक्रीसेट द्वारा विकसित किस्म डब्लयू-सीसी-75 की पैदावार अखिल भारतीय परीक्षणों में काफी अच्छी पायी गई है। कुछ अन्य उन्नतिशील किस्में इस प्रकार हैं:—

आई.सी.टी.पी. 8203 =	महाराष्ट्र व आन्ध्र के लिये डाउनी मिलड्यू के लिये सहनशील, 80-82 दिन में पकती है।
एच.एच.बी. 60 =	60-65 दिन में पकती है। हरियाणा व राजस्थान के लिये उपयुक्त है।

पिछले वर्ष कुछ अन्य संकर किस्मों की सिफारिश की थी और इस दिशा में प्रयत्न जारी हैं।

4. मक्का–

मक्का की उन्नत किस्में कुछ क्षेत्रों में बारानी खेती के लिये उपयुक्त हैं लेकिन अन्य क्षेत्रों में स्थानीय किस्में अधिक अच्छी पायी गयी हैं। विभिन्न बारानी क्षेत्रों के लिये उपयुक्त

किस्में तालिका 6.4 में दी गयी हैं ।

परीक्षणों से पता चला है कि उन्नत संकर व कम्पोजिट किस्में केवल देहरादून, बैंगलोर, तेलंगाना के क्षेत्रों में ही अच्छी पैदावार देती हैं । इसी तरह ये भुवनेश्वर व छोटा नागपुर क्षेत्रों के लिये भी उपयुक्त हैं । अन्य क्षेत्रों में इन किस्मों से केवल 10 प्रतिशत अधिक उपज ही प्राप्त हुई तथा इसके साथ-साथ ये किस्में प्रचलित कृषि व्यवस्था के अनुसार नहीं हैं । स्थानीय किस्मों के विपरीत यह देर से पकती हैं ।

5. रागी–

रागी के लिये उन्नत किस्में विकसित करने का कार्य दक्षिण भारत में कोयंम्बटूर, विजय नगरम् व हैब्बल में करीब 50 वर्षों से चल रहा है । कई अनुसंधान केन्द्रों जैसे कि पंतनगर, धोली, सांगली, जबलपुर व सेमालीगुडा पर किये गये प्रजनन अनुसंधान के परिणामस्वरूप सम्पूर्ण भारत के लिये किस्में विकसित हुई हैं । इनका ब्यौरा तालिका 6.5 में दिया गया है ।

6. गेहूँ–

बारानी क्षेत्रों में उगायी जाने वाली विभिन्न गेहूँ की किस्मों का चुनाव इन क्षेत्रों के वातावरण पर निर्भर करता है । वाराणसी में किये गये एक परीक्षण से पता चलता है कि बारानी किस्मों की जल उपयोग क्षमता भिन्न-भिन्न है । इन किस्मों में सी-306 किस्म की जलोपयोग क्षमता अधिक होती है । विभिन्न वातावरणों व क्षेत्रों के लिये बारानी खेती के लिये विभिन्न किस्में तालिका 6.6 में दी गयी हैं ।

7. जौ–

जौ की पुरानी किस्में बहुत ऊंची बढ़ती हैं तथा हवा चलने से गिर जाती हैं जिससे कि उपज का नुकसान होता है । जौ में प्रजनन के द्वारा बहुत सी उन्नत किस्में विकसित की गयी हैं । इन किस्मों का ब्यौरा तालिका 6.7 में दिया गया है। "रत्ना" नामक किस्म बहुत से स्थानों पर सफल पायी गई है ।

8. अरहर–

अरहर की फसल देश के कई भागों में उगायी जाती है । जलवायु के आधार पर विभाजित खण्डों के लिये अलग-अलग अवधि वाली किस्मों की सिफारिश की गई है । जैसे कि उत्तर पश्चिमी भारत के लिये जहाँ कि ठण्डी हवायें चलती हैं तथा सर्दियों में कोहरा पड़ता है, जल्दी पकने वाली किस्में विकसित की गई हैं । मध्य भारत में मध्यम अवधि वाली किस्में अधिक प्रचलित हैं । इन क्षेत्रों में देरी से पकने वाली किस्में उगाई जाती हैं । दक्षिणी भारत में जहाँ कि ठण्ड बिल्कुल भी नहीं होती, मध्यम अवधि की किस्में पहले उगाई जाती थीं । परन्तु बारानी क्षेत्रों में जहाँ कि वर्षा केवल दो महीने के लिये होती है जल्दी पकने वाली किस्में भी लोकप्रिय होती जा रही हैं । अवधि के आधार पर इन किस्मों का वर्णन तालिका 6.8 में किया गया है ।

9. लोबिया [Cowpea]–

लोबिया की बहुत सी किस्में विकसित की गई हैं जिनके विभिन्न उपयोग हैं । कई किस्में दानों के लिये उपयुक्त हैं, कई सब्जी की किस्में हैं तथा अन्य चारे के लिये विकसित की गई हैं । दानों के लिये कम अवधि वाली किस्में बारानी क्षेत्रों के लिये अधिक उपयुक्त है। इन किस्मों का संकलित वर्णन तालिका 6.9 में किया गया है ।

10. मूंग व उड़द–

मूंग व उड़द में मध्यम दर्जे का सूखा सहने की क्षमता है । विभिन्न जातियाँ भी, जल्दी पकने के गुणों के कारण बारानी क्षेत्रों में बोयी जाती हैं । मूंग की किस्मों के गुण व क्षेत्र तालिका 7 में दर्शाए गए हैं । इसी प्रकार उड़द की विभिन्न किस्में तालिका 7.1 में दर्शायी गयी हैं ।

11. कुलथी [Horsegram]–

विभिन्न कृषि विश्वविद्यालयों व अनुसंधान केन्द्रों पर हुए पादप-प्रजनन कार्यों के फलस्वरूप कुछ उत्तम किस्में विकसित हुई हैं जो कि स्थानीय किस्मों से अच्छी हैं । तालिका 7.2 में इन किस्मों के बारे में बताया गया है । ये किस्में 90 से 100 दिन की अवधि में पक कर तैयार हो जाती हैं तथा इनसे 7 से 8 क्विं. प्रति हैक्टर दानों की उपज प्राप्त होती है । "मधु" किस्म बहुत कम अवधि में तैयार हो जाती है तथा बिहार के अतिरिक्त सम्पूर्ण भारत में बोई जा सकती है ।

12. मोंठ–

मोंठ भारत की अत्यधिक सूखा प्रतिरोधी दलहनी फसल है । यह दाने एवं चारे के लिये उगायी जाती है । "जे एम एम —259 की उपज" "जाडिया" से 30 प्रतिशत अधिक पाई गई तथा 2 वर्षों के बड़े परीक्षणों में इससे 7-8 क्विं./ है. उपज प्राप्त हुई ।

जोधपुर में भी 1978-1980 तथा 1981 के दौरान किये गये परीक्षणों से टी-2 व जोधपुर स्थानीय "किस्में" अच्छी पैदावार वाली पायी गयीं । सूखे के लिये "टी-18" विशेष रूप से उपयुक्त पायी गई । अन्य परीक्षणों में जोधपुर में आई सी एम औ - 880 व ज्वाला भी उन्नत किस्मों के रूप में पहचानी गयी हैं ।

अन्य उन्नतशील किस्में निम्नलिखित हैं:—

मरू मोंठ 1 — 80-85 दिन में पकती है । राजस्थान के बारानी क्षेत्र के लिये उपयुक्त है ।

आर.एम.ओ. 40 — 60 दिन में पकने वाली सीधे बढ़ने वाली किस्म शुष्क अवस्था के लिये उपयुक्त पाई गई ।

13. चना–

चना भारत में रबी के मौसम में पैदा किया जाता है । इसकी खेती वर्षा की संचलित नमी पर ही होती है । कुछ क्षेत्रों में रबी के मौसम की वर्षा भी इस पर अच्छा प्रभाव डालती है । इस कारण से दक्षिण भारत व उत्तर भारत की किस्में सर्वथा भिन्न हैं । इन किस्मों का ब्यौरा तालिका 7.3 में दिया गया है ।

14. मूँगफली–

मूँगफली की विभिन्न किस्में तीन प्रकार की हैं— 1. गुच्छेदार, 2. मध्यम फैलने वाली, 3. अधिक फैलने वाली । जिन क्षेत्रों में वर्षा की अवधि कम होती है उनके लिये गुच्छेदार किस्में अधिक उपयुक्त हैं । फैलने वाली किस्में अधिक वर्षा से भूमि कटाव को रोकने में मदद करती हैं । भारी जमीनों में भी गुच्छेदार किस्में ज्यादा ठीक रहती हैं । बारानी क्षेत्रों के लिये उपयुक्त किस्में इस प्रकार हैं:—

गुच्छेदार किस्में — जूनागढ़-11, पी ओ एल-2

मध्यम फैलावदार— टी एम वी-10, एच जी-10

फैलावदार — जी ए यू सी एच-10, कादिरी-1, कादिरी-2
एस-230, एम-13

इसमें से गुजरात में जूनागढ़-11, जी ए यू सी एच-10 गुजरात के लिये, कादिरी-1 आन्ध्र प्रदेश के लिये, टी एम वी व टी ओ एल-2 तमिलनाडू के लिये, एस 230 व एच जी 10 कर्नाटक के लिये उपयुक्त हैं । "एम-13" किस्म जो कि पंजाब के लिये विकसित की गयी थी, वह अन्य प्रान्तों में भी अच्छी पैदावार देती है ।

15. तिल–

तिल मुख्यत: मैदानी इलाकों की फसल है । इसकी फसल कोहरा, अधिक वर्षा या लम्बे अन्तराल वाला सूखा नहीं सह सकती । उत्तरी भारत में तिल पंजाब, हरियाणा, उत्तर प्रदेश, हिमाचल प्रदेश व राजस्थान में वर्षा की ऋतु में उगाया जाता है । मध्यप्रदेश, महाराष्ट्र, गुजरात व आन्ध्रप्रदेश में अगस्त-सितम्बर से दिसम्बर-जनवरी तक इसकी फसल ली जाती है। विभिन्न प्रान्तों के लिये तिल की मुख्य किस्में तालिका 7.4 में दी गई हैं ।

16. सोयाबीन–

भारत के कई क्षेत्रों में काली सोयाबीन की खेती सदियों से चली आ रही है तथा इसके कई नाम जैसे भाटमास, कालीतूर व भाट इन क्षेत्रों में प्रचलित हैं । स्थानीय सभी किस्में काले बीज वाली हैं । ये किस्में देर में पकती हैं तथा उपज भी कम है । पन्तनगर, जबलपुर व दिल्ली में इस फसल की उन्नत किस्में विकसित करने का काम हुआ है । इन कार्यों तथा अन्य अनु-

संधान पर हुए प्रजनन कार्य से विकसित किस्मों का विवरण तालिका 7.5 में दिया गया है ।

17. सूर्यमुखी–

भारत में करीब 20 वर्षों से सूरजमुखी की फसल पर जोर दिया जा रहा है । यह बारानी क्षेत्रों के लिये अच्छी फसल है क्योंकि कम अवधि में ही पक कर तैयार हो जाती है। तिलहन अनुसंधान निदेशालय के प्रयत्नों से विभिन्न क्षेत्रों के लिये उपयुक्त किस्मों की पहचान की गई है, जिनका विवरण तालिका 7.6 में दिया गया है । चूंकि यह फसल पर निश्चित है, इसमें संकर किस्में भी विकसित की गई हैं ।

नर अप्रजायी (मेल स्टेराइल) व रेस्टोरर लाइनों का विकास किया गया है । कम्पोजित व सिन्थेटिक किस्में भी विकसित की जा रही हैं ।

18. अरण्डी–

बारानी क्षेत्रों के लिये अरण्डी बहुत महत्वपूर्ण फसल है । इसकी खेती गुजरात, उड़ीसा व दक्षिण भारत में अधिकतर होती है । इस फसल के प्रजनन कार्यों का उद्देश्य कम अवधि वाली, बौनी, अधिक तेल की मात्रा व अधिक उपज देने वाली किस्मों का विकास करना है । संकर किस्म जी ए यू सी एच-1 बहुत ही अधिक उपज देने वाली किस्म है । इसके अलावा तमिलनाडू में अरुणा, भाग्या, सौभाग्या किस्में तथा कर्नाटक में एम सी-1 तथा आर सी-8 विकसित की गई हैं । भारत के विभिन्न स्थानों पर किये परीक्षणों में बी एच बी-150 को भी उच्चतम पाया गया है । केन्द्रीय बारानी कृषि अनुसंधान संस्थान, हैदराबाद में भी अच्छी किस्मों की पहचान पर कार्य चल रहा है । जी एस एच-4 बारानी व सिंचित दोनों दशाओं में उपयुक्त पाई गई है तथा बिल्ट के प्रति सहनशील है ।

19. सरसों, राई, तोरिया व तारामीरा–

सरसों जाति की इन फसलों की बहुत सारी किस्में हैं । चूंकि इन फसलों पर जलवायु का बहुत प्रभाव पड़ता है, बारानी क्षेत्रों के लिये खास किस्मों की पहचान की गई है । बारानी क्षेत्रों के लिये उपयुक्त किस्मों को तालिका 7.7 में दर्शाया गया है ।

20. कुसुम–

कुसुम की खेती भारत के बारानी क्षेत्रों में मुख्यत: महाराष्ट्र, कर्नाटक, आन्ध्र प्रदेश, राजस्थान, मध्यप्रदेश, उत्तर प्रदेश व बिहार में की जाती है । सबसे अधिक खेती महाराष्ट्र व कर्नाटक में होती है । प्रजनन कार्यों के फलस्वरूप ऐसी किस्में विकसित हुई हैं जो कि 20 से 25 क्विं. प्रति हैक्टेयर तक की उपज देती हैं इन किस्मों का ब्यौरा तालिका 7.8 में दिया गया है ।

तमिलनाडू कृषि विश्वविद्यालय द्वारा विकसित "को-1" किस्म पहली कांटों रहित किस्म है तथा इसकी पैदावार 8 क्विं प्रति हैक्टेयर है । ए-1 किस्म न केवल कर्नाटक में ही अच्छी साबित हुई है, बल्कि इसे सभी क्षेत्रों में अच्छा पाया गया है ।

21. कपास–

भारत में कपास की तीन प्रजातियाँ, आरबोरियम (देशी कपास), हिरसूटम (अमरीकन कपास) व हरवेशियम उगायी जाती हैं । उत्तरी भारत में हिरसूटम की अधिक खेती की जाती है । मध्य भारत में आरबोरियम प्रजाति अधिक होती है तथा दक्षिण भारत में हिरसूटम व हरवेशियम अधिक होती है । इसके अतिरिक्त उत्तर भारत में हरवेशियम व दक्षिण भारत में आरबोरियम भी पैदा की जाती है । मध्य भारत में कपास की खेती प्रमुख तौर पर बारानी ही होती है तथा पूर्णत: वर्षा पर निर्भर है । बारानी कपास की किस्मों का वर्णन तालिका 7.9 में प्रस्तुत किया गया है ।

इनके अलावा बहुत सी पुरानी किस्में हैं जो कि जलवायु व क्षेत्र के आधार पर प्रचलित हैं । "बारबेडोस" (यूनानी कपास) भी लगभग 2 प्रतिशत क्षेत्र में उगाई जाती है । परन्तु इसकी खेती बारानी नहीं होती । इसी तरह अमरीकन कपास का भी बहुत सा क्षेत्र सिंचित है । परन्तु बारानी क्षेत्रों के लिये तालिका 7.9 में दी गई किस्में उपयुक्त हैं । इन किस्मों से बारानी हालत में अधिक उपज लेने के लिये नमी का संरक्षण बहुत आवश्यक है ।

22. तम्बाकू–

भारत में दो तरह के तम्बाकू की खेती होती है इसमें से 90 प्रतिशत क्षेत्र में "वरजिनया" तम्बाकू पैदा किया जाता है जबकि 10 प्रतिशत क्षेत्र में "नाटू" तम्बाकू की खेती की जाती है । विभिन्न जलवायु वाले क्षेत्रों के लिये केन्द्रीय तम्बाकू अनुसंधान संस्थान द्वारा बहुत सी "वरजिनया" तम्बाकू की किस्में विकसित की गई हैं । इन किस्मों का वर्णन तालिका 7.9.1 में दिया गया है ।

"नाटू" के तम्बाकू की स्थानीय किस्में "टोकाआकु" रायला करराविशनम व मेडारा नेटला की उपज काफी कम है । केन्द्रीय तम्बाकू अनुसंधान संस्थान के प्रयत्नों से "नाटू" की डी-जी-3 व डी-जी-4 किस्में विकसित हुई हैं । डी.जी.-3 से 23 प्रतिशत अधिक पैदावार प्राप्त की गई है तथा इसका नाम "प्रभात" रखा गया है ।

तालिका – 6.1 : स्थानीय तथा उन्नत किस्मों की औसत उपज, "वाराणसी" (5 वर्षीय औसत उपज)

फसल	किस्म	औसत उपज (क्विं/है.)
चावल	स्थानीय (नगिना 22)	21.9
	उन्नत (कावेरी)	26.5
मक्का	स्थानीय (जोनपुरी)	18.8
	उन्नत (गंगा सफेद–2)	25.0
बाजरा	स्थानीय	8.0

	उन्नत (एच.वी.–3)	13.0
उड़द	स्थानीय (काली)	7.2
	उन्नत (टी.–9)	9.0
तिल	स्थानीय	3.6
	उन्नत (टी.–13)	7.0
सरसों	स्थानीय	13.4
	उन्नत (वरुणा)	16.6
अलसी	स्थानीय	12.1
	उन्नत (टी. – 7397)	14.3
कुसुम	स्थानीय	16.3
	उन्नत (एन 62–8)	20.2

तालिका – **6.2** : चावल की बारानी खेती के लिये उपयुक्त किस्में

क्षेत्र व प्रान्त	किस्म	अवधि (दिवस)	अपेक्षित उपज (क्विं / है.)
देहरादून, उ.प्र.	आर. पी.– 79-5	100	42.7
	डी. आर.–92	92	41.2
	सी. आर.–142-3-2	93	28.9
	रामजवान	110	21.5
वाराणसी, उ.प्र.	कावेरी	94	27.9
	रत्ना	110	32.1
	आकाशी	95	33.7
रीवा, म.प्र.	आर. पी.– 71-23		
	डी. आर. –92	90-100	35-40
	कावेरी		
रांची, बिहार	बाला		
	ब्राउन गोरा	90-95	30-35
	डी. आर. –92		
भुवनेश्वर, उड़ीसा	डी. आर. –92		
	पारीजात	90-100	30-35
	महावारी		

तालिका –**6.3** : ज्वार की कुछ किस्मों के गुण व उपज

संकर/अन्य किस्में	दानों की उपज (क्विं/ है.)	चारे की उपज (क्विं / है.)	ऊँचाई से.मी.	पकने की अवधि दिनों में
संकर किस्में–				
सी.एस.एच.–1	34.5	91.0	150	100
सी.एस.एच.–5	39.2	112.0	185	110
सी.एस.एच.–6	37.5	100.0	165	95
सी.एस.एच.–9	46.1	120.0	190	106
एस.पी.एच.–196	44.3	168.0	260	107
अन्य किस्में—				
सी.एस.वी.–9	31.9	155.0	205	112
सी.एस.वी.–10	37.9	147.0	205	110
सी.एस.वी.–11	37.1	126.0	180	109
स्थानीय	23.6	169.0	260	121

तालिका – **6.4** : बारानी क्षेत्रों के लिये मक्का की विभिन्न किस्में

क्षेत्र	किस्म	विशेष गुण
देहरादून	गंगा–2	सफेद दानों वाली संकर किस्म
बैंगलोर	दक्खन–101	१००-११० दिन की अवधि, पीले दाने वाली किस्म
मेडक	दक्खिन–101	१००-११० दिन की अवधि, अधिक उपज
रांची	गंगा–2	उपरोक्त वर्णनानुसार
भुवनेश्वर	ए-5ए-51-541	पीले दानों वाली कम्पोजिट किस्म, ९० से 100 दिन की अवधि
होशियारपुर	स्थानीय किस्म	90 दिन की अवधि, मध्यम ऊँचाई
राखधियानसर	स्थानीय किस्म	उपरोक्त
वाराणसी	जौनपुरी स्थानीय	90 दिन की अवधि, दोहरी फसल प्रणाली के लिये उपयुक्त
उदयपुर	मालोसन (स्थानीय)	90 दिन की अवधि, पीले दानें, देरी से बिजाई के लिये उपयुक्त
इन्दौर व झाँसी	साठा	80 दिन की अवधि, देरी से बिजाई के लिए उत्तम

तालिका – **6.5** : रागी की उन्नत किस्में

प्रदेश	किस्में	बिजाई का समय
कर्नाटक	एच आर –37 व इन्डाफ–9	अप्रैल से मई
	इन्डाफ-1 व इन्डाफ-3 व इन्डाफ-8	जून से जुलाई
	पी आर - 202	अगस्त
	इन्डाफ-5 तथा इन्डाफ-9	जनवरी से फरवरी
	पूरना, शक्ति, इन्डाफ-5 व इन्डाफ-9	सितम्बर से अक्तूबर
तमिलनाडू	को -11, के-6 व के-7	अप्रैल से मई
	के-7 व को-11	मई से जून
	के-5, के-7 व पी आर-202	जून से जुलाई
	के-6 व को-11	सितम्बर से अक्तूबर
आन्ध्रप्रदेश	वी जेड एम-1 व शारदा	जून से जुलाई
	गोदावरी व ए के पी-2	अगस्त से सितम्बर
	कल्याणी व सिम्हादरी	अगस्त से दिसम्बर
महाराष्ट्र	बी-11, ए-16, ई-11 28-1 व 50-1	जून
उड़ीसा	दिव्या सिंगा, बी-4-10-56 भूदेई (स्थानीय)	जून से जनवरी

तालिका – **6.6** : विभिन्न बारानी क्षेत्रों के लिये गेहूँ की किस्में

क्षेत्र	किस्में
बिहार	सी-306, के 8027
दिल्ली	सी-306, आई डब्ल्यू पी-72, डब्ल्यू एल-410, डब्ल्यू एच -331, डब्ल्यू एल-2265, पी बी डब्ल्यू
उत्तरी गुजरात व हरियाणा	सी-306, कल्याण सोना
दक्षिणी गुजरात	सुजाता, ए-206^{x}
मध्य प्रदेश	सी-306, सुजाता, नरबदा-4, मुक्ता हाइब्रेड-65, मेघदूत ^{x}, S-930– X जे यू-12^{x}
पंजाब	सी-306, आई डब्ल्यू पी-72, डब्ल्यू एल-410, डब्ल्यू एल-2265, डब्ल्यू एच -331, पी बी डब्ल्यू–
दक्षिणी पूर्वी राजस्थान	सी-306, मुक्ता, जे यू-12, सुजाता, ए-9-30-1
शेष राजस्थान	सी-306, कल्याण सोना
पश्चिमी उ.प्र.	सी-306, आई डब्ल्यू पी-72, डब्ल्यू एल-410, डब्ल्यू एल-2265, डब्ल्यू एच -331, पी बी डब्ल्यू

पूर्वी उत्तर प्रदेश	सी-306, के-65, के-8027
झांसी क्षेत्र	सुजाता, के-65, ए-9-30-1
पर्वतीय उत्तर प्रदेश	सोनालिका, बी एल 421, एच वी-208, एच एस-86, सी पी ए एन- 1796, सी पी ए एन 1922
उड़ीसा व पश्चिमी बंगाल	सी-306

x = "ड्यूरम्" प्रजाति

तालिका – **6.7** : बारानी क्षेत्रों के लिये जौ की विभिन्न किस्में

क्षेत्र	किस्म	पकने की अवधि (दिनों में)
दक्षिणी राजस्थान, उत्तरी मध्य प्रदेश तथा दक्षिणी उत्तर प्रदेश	डी एल - 100	123-133
हरियाणा, उत्तर प्रदेश व राजस्थान	आर डी- 31	130-140
पूर्वी उत्तर प्रदेश, बिहार व	के- 125	120-125
पश्चिमी बंगाल	के- 141	100-120
	पी- 147	110-120
जम्मू, पंजाब, हरियाणा, दिल्ली	डी एल -200	117-137
उत्तर प्रदेश व उत्तरी राजस्थान	रत्ना	110-120
उत्तर प्रदेश व बिहार के दरियाई क्षेत्र	के-252	100-120
(बाढ़ के पश्चात्)	के-273	120-125

तालिका **6.8**: अरहर की विभिन्न किस्में व अवधि

क्र.स.	अवधि दिनों में	किस्में
1.	130-160	यू पी ए एस-120, एच वाई-2, एच वाई-4, पूसा-एच-77–-216, ए 1-15, को-1, को-2, पन्त ए 3, इत्यादि
2.	160-180	टी-21, बी आर 183, पूसा अगेती, पूसा-7, जी एस 1, ए एस-71 37, इत्यादि
3.	180-200	बी डी एन-1, एच वाई-1, एच वाई-3ए, एस जे ऐ-3, नं. 148, एम वाई-5, एल आर जी-3, एल आर जी 36, टी टी-6, टी 15-15, पी टी लक्ष्मी, मुक्ता, बी डी एन-2 इत्यादि
4.	200-240	एच वाई-3, बहार, सी-11 28, बी-7, इत्यादि
5.	240 से अधिक	बसन्त, ग्वालियर-3, टी-7, टी-17, बी एन पी (डब्ल्यू आर) 15, इत्यादि

तालिका– **6.9** : लोबिया की उपयुक्त किस्में

किस्में	गुण	क्षेत्र
एफ एस 68	जल्दी पकने वाली, बौनी, सीधी बढ़ने वाली किस्म, दानों तथा सब्जी के लिए उपयुक्त	पंजाब, हरियाणा, दिल्ली, उत्तर प्रदेश व राजस्थान
चारोड़ी	बौनी, सीधी, जल्दी पकने वाली लेकिन एफ एस 68 से अधिक उपज देने वाली किस्म	राजस्थान, हरियाणा व गुजरात
टी वी एक्स 944-02, कल्चर 1, व एस-488	मध्यम अवधि की किस्में	कर्नाटक के बैंगलूर, कोलार, टुमकुर जिले
सी-152	देर से पकने वाली, फैलाव वाली किस्म, चारे व दानों के लिये उपयुक्त	पूर्वी राजस्थान, पंजाब, जम्मू-कश्मीर, हरियाणा, उत्तर प्रदेश व महाराष्ट्र
को-20	जल्दी पकने वाली, अच्छे सुन्दर दानों वाली किस्म	पंजाब, हरियाणा, दिल्ली, बिहार, मध्यप्रदेश व महाराष्ट्र
को-1	कुछ-कुछ फैलने वाली, जल्दी पकने वाली किस्म	तमिलनाडू
पूसा फाल्गुनी पूसा दो फसली पूसा असीम	सब्जी के लिये उपयुक्त	सम्पूर्ण देश के लिये

तालिका –**7** : मूंग की विभिन्न किस्में

किस्में	गुण	क्षेत्र
पूसा बैसाखी, पी एस-7, पी एस-16, टी-44	जल्दी पकने वाली	सम्पूर्ण भारत
जवाहर-45	मध्यम अवधि वाली किस्म	मध्यप्रदेश, आसाम, हरियाणा, कर्नाटक, पंजाब, राजस्थान व उत्तर प्रदेश
गुजरात-2	कम अवधि वाली	गुजरात, राजस्थान
जी-65, एस-8	जल्दी पकने वाली	राजस्थान, हरियाणा, पंजाब, दिल्ली व महाराष्ट्र
के-851, एस-9	मध्यम अवधि वाली व अन्तरा-सस्यन के लिये उपयुक्त	तमिलनाडू

कोपर गाँव, खरगौव-1 तथा जे-781	जल्दी पकने वाली	मध्यप्रदेश, महाराष्ट्र, उड़ीसा व तमिलनाडू

तालिका – **7.1** : उड़द की विभिन्न किस्में

किस्में	गुण	क्षेत्र
टी-9	सीधी, बौनी, जल्दी पकने वाली	सम्पूर्ण भारत
पूसा-1	जल्दी पकने वाली, पीली मोजेक वायरस विरुद्ध प्रतिरोध-क्षमता	महाराष्ट्र, दिल्ली, हरियाणा, राजस्थान
पीडीएम-71-2	बारानी क्षेत्रों के लिये अति उपयुक्त	आन्ध्र-प्रदेश
माश-1	बौनी, जल्दी पकने वाली	पंजाब
माश-8	बौनी, सूखा सहने वाली	पंजाब, मध्य प्रदेश
खारगौन-3	कुछ फैलाव व मध्यम अवधि वाली सीधी, जल्दी पकने वाली	मध्य प्रदेश, कर्नाटक
नं. -55	सीधी, जल्दी पकने वाली	महाराष्ट्र, मध्य प्रदेश, कर्नाटक
एस डी टी-1, को-1, को-3	भारी मिट्टी के लिए उपयुक्त	तमिलनाडू
सिन्ध केडा-1-1	सीधी, जल्दी पकने वाली किस्म	महाराष्ट्र

तालिका – **7.2** : कुलथी की उन्नत किस्में

प्रान्त	किस्में
कर्नाटक	पी जी एम -1, आई सी 11095
उड़ीसा	डी एस - 2-1, डी एस 2 - 2
महाराष्ट्र	सीना, मान, के बी आर - 1
आन्ध्र प्रदेश	पी डी एम - 1, बी जैड एम -1
तमिलनाडू	को डी वी -1, को डी वी - 2 व 6
बिहार	मधु
राजस्थान	मरू कुलथी - 1

तालिका – **7.3** : चने की उन्नत किस्में

क्षेत्र	किस्में
उत्तरी पश्चिमी मैदान	जी-24, जी-130, एच-208, सी-214, सी-234, वी जी 203
उत्तरी पूर्वी मैदान	टी-1, टी-3, टी-6, बी जी -1 वी डी -2
मध्य भारत	उज्जैन-21, उज्जैन-24, पी जी-200, एच-208, पिंक-2
दक्षिण भारत	चाफा, एन-59, ए-52

तालिका –**7.4** : तिल की उन्नत किस्में

प्रान्त	किस्म	अवधि	अन्य जानकारी
उत्तर प्रदेश	टी-4	100	जलोढ मिट्टी के क्षेत्र
	टी-12	85	पश्चिमी तथा मध्य क्षेत्र
	टी-13	90	बुन्देल खण्ड क्षेत्र
राजस्थान	टी एल- 25	85	हल्की मृदा के क्षेत्र
	प्रताप	100	भारी मृदा के क्षेत्र
	आर टी -54	85-90	हल्की मृदा के क्षेत्र
मध्य प्रदेश	एन-32	100	सम्पूर्ण प्रान्त
	जे टी -7	85	सम्पूर्ण प्रान्त
उड़ीसा	कनक	80	सम्पूर्ण प्रान्त
	कलिका	80	सम्पूर्ण प्रान्त
महाराष्ट्र	फूले तिल-1	95	सम्पूर्ण प्रान्त
आन्ध्र प्रदेश	माध्वी	75	तटवर्ती क्षेत्र
	टी- 85	95	तेलंगाना क्षेत्र
तमिलनाडू	को-1	90	सम्पूर्ण प्रदेश
	टी एम वी-6	80	सूखा प्रतिरोध शक्ति
गुजरात	गुजरात तिल-1	85	सम्पूर्ण प्रान्त
कर्नाटक	ई- 8	100	उत्तरी कर्नाटक
पश्चिमी बंगाल	पंजाब तिल -1	85	सम्पूर्ण प्रान्त
पंजाब, हरियाणा	पंजाब तिल नं.-1	85	सम्पूर्ण क्षेत्र

तालिका – **7.5** : बारानी क्षेत्रों के लिये सोयाबीन की विकसित किस्में

कृषि जलवायु क्षेत्र	किस्म	अवधि	उपज (क्विं/है.)
उत्तरी पहाड़ी क्षेत्र	ब्राग	120	25-30
	ली	110	20-25
	यूपी एस एम-19	105	20-25
उत्तरी मैदानी क्षेत्र	ब्राग	120	20-30
	अन्कूर	125	20-30
	पी के -71-21	120	25-35
	यूपी एस एम-19	105	20-25
मध्य भारत	ब्राग	115	20-30
	अन्कूर	120	20-30
	जे एस-2	95-100	20-25
	जे एस-72-280	103-105	20-25
	जे एस 72-44	105	25-30

दक्षिणी भारत	इम्ब्रुड पेलीकान	110-120	15-20
	डेविस	105-115	15-20
	हारडी	110-120	15-20

तालिका – **7.6** : सूर्यमुखी की विभिन्न किस्में

किस्म	अवधि (दिवस)	तेल की मात्रा (प्रतिशत)	औसत उपज (क्विं/है.)	प्रान्त
ई-सी-68414	95	47.9	20	आन्ध्र प्रदेश, कर्नाटक, महाराष्ट्र, उड़ीसा, राजस्थान, तमिलनाडू, पश्चिमी बंगाल
ई-सी-68415	95	49.1	20	कर्नाटक व तमिलनाडू
ई-सी-69874	95	42.5	19	महाराष्ट्र
सरनियाका-66/मारउन	75	48.0	15	कर्नाटक व तमिलनाडू
बी एस एच-1	85	34.5	16	कर्नाटक
के- 2	85	35.3	25	तमिलनाडू

तालिका – **7.7** : सरसों, राई, तोरिया व तारामीरा की बारानी क्षेत्रों के लिए किस्में

फसल	प्रान्त	किस्म	अवधि (दिन)
तोरिया	आसाम	एम-27	95
	पश्चिमी बंगाल	टी एस - 29	90
	बिहार	अग्रणी (बी - 54)	75
	उत्तर प्रदेश	बी आर - 23	100
	पंजाब	टी एल सी- 2	100
	सम्पूर्ण भारत में	पी टी- 303	85
भूरी सरसों	उत्तर प्रदेश	बी एस -2 पूसा	120
		पूसा कल्याणी	140
	हरियाणा	बी एस एच -1	140
	पंजाब, राजस्थान	पूसा कल्याणी	140
पीली सरसों	पश्चिमी बंगाल	बिजोये (बी-9)	100
	उत्तर प्रदेश	वाई एस के -1	110

राई	पश्चिमी बंगाल	सीता	95
		बी- 35	115
	बिहार	बी आर - 40	115
	उत्तर प्रदेश	वरुणा	130
		शेखर	135
	राजस्थान	दुर्गामणी	140
		पूसा बोल्ड	115
			135
	हरियाणा	वरुणा	150
		आर एच -30	145
		आर एच -819	150
	पंजाब	आर एल एम -514	
		आर एल एम-619	
		आर एल सी-2350	145
			145
तारामीरा	हरियाणा	टी सी-27	150
	पंजाब	इटसा	150

तालिका – **7.8** : विभिन्न क्षेत्रों के लिये कुसुम की उन्नत किस्में

क्षेत्र	किस्में
पश्चिमी महाराष्ट्र व मराठवाड़ा	भीमा (एस -4)
विदर्भ	भीमा तथा एन - 7
रायपुर व गुलबर्गा	ए-1 व एस - 144
कर्नाटक के अन्य क्षेत्र	ए-1 व ए -300
आन्ध्र प्रदेश	मन्जीरा व ए -1
मध्य प्रदेश	जे एस एफ -1
उत्तर प्रदेश	टाइप - 65 (के -6503)
तमिलनाडू	के-1 तथा को-1 तथा ए पी आर आर -3
उत्तर प्रदेश	एच यू एस -305

तालिका – **7.9** : विभिन्न क्षेत्रों के लिए कपास की उन्नत किस्में

प्रजाति	किस्म	बुआई का समय	चुनाई का समय	क्षेत्र
आरबोरियम				
	विरनार	जून-अगस्त	नवम्बर-जनवरी	राजस्थान, आन्ध्रप्रदेश, कर्नाटक
	ज्योति	जून-जुलाई	नवम्बर-दिसम्बर	महाराष्ट्र
	मालजरी	जून-जुलाई	नवम्बर-दिसम्बर	मध्य प्रदेश

	सरस्वती	जून-जुलाई	नवम्बर-दिसम्बर	आन्ध्र प्रदेश
	संजय	जून-जुलाई	अक्तूबर-दिसम्बर	गुजरात, महाराष्ट्र
	के-8 व के-9	अक्तूबर-नवम्बर	फरवरी-मार्च	तमिलनाडू का करूंगाजी क्षेत्र
हरबेशियम				
	दिगविजय	जून-जुलाई	फरवरी-मार्च	गुजरात, राजस्थान, महाराष्ट्र
	कल्याण	जून-जुलाई	जनवरी-मार्च	गुजरात
	जयाधर	अगस्त-सितम्बर	जनवरी-फरवरी	कर्नाटक व महाराष्ट्र
	सुयोधर	जुलाई-अगस्त	फरवरी-अप्रैल	कर्नाटक
हिरसूटम				
	एमसीयू-9	अगस्त	जनवरी	तमिलनाडू, कर्नाटक व आन्ध्र प्रदेश
	लक्ष्मी	जून-जुलाई	मार्च	कर्नाटक, महाराष्ट्र, आन्ध्रप्रदेश व तमिलनाडू
	सी-इंदौर-1	अप्रैल-जून	अक्तूबर-फरवरी	राजस्थान
	भाग्या	अगस्त-सितम्बर	फरवरी-अप्रैल	कर्नाटक
	महालक्ष्मी	अगस्त-सितम्बर	फरवरी-अप्रैल	आन्ध्र प्रदेश
	नर्मदा	जून-जुलाई	नवम्बर-जनवरी	मध्य प्रदेश
	पी के बी हाइब्रेड-2	जून-जुलाई	दिसम्बर-जनवरी	महाराष्ट्र
	गुजरात-67	मई-जून	दिसम्बर-मार्च	गुजरात

तालिका – **7.9.1** : बारानी क्षेत्रों के लिये तम्बाकू की किस्में

क्षेत्र	मृदा की किस्म	किस्में
गुन्टुर, परकासम, पूर्वी गोदावरी व पश्चिमी गोदावरी	काली मिट्टी	कनकप्रभा, सी टी आर आई स्पेशल, जयश्री एफ सी पी स्पेशल, गोदावरी स्पेशल
परकासम तथा नेल्लूर	लाल दोमट	जयश्री, सी टी आर आई स्पेशल, एम सी वी स्पेशल, सी टी आर आई स्पेशल (एम आर)
कर्नाटक	बलुई दोमट	स्वर्णा, लाइन-2359, ई-2

अध्याय— 8

भूमि एवम् नमी का अधिकाधिक उपयोग

भारत के बारानी क्षेत्रों में जो फसलें व उनकी किस्में अधिकतर बोई जाती हैं, उनकी जलोपयोग क्षमता बहुत कम होती है। प्राय: वे ही फसलें उगायी जाती हैं जो किसान के भोजन का आधार होती हैं। इन फसलों की अवधि लम्बी होने के लिये "सूखा" का बहुत प्रभाव पड़ता है। अध्याय-6 में बारानी खेती के लिये उपयुक्त नई किस्मों के बारे में बताया गया है। इन किस्मों को बोने में कुछ खास पद्धतियों का उपयोग करने से भूमि एवम् नमी का अधिकाधिक उपयोग सम्भव है। इस प्रकार से उपयोग तभी सम्भव है जबकि किसी क्षेत्र की वर्षा तथा नमी उपलब्धता की अवधि को ध्यान में रखते हुए उस क्षेत्र के फसल चक्र व किस्मों का निर्धारण किया जाय।

1. नमी उपलब्धता की अवधि–

कई वर्षों तक अखिल भारतीय बारानी कृषि अनुसंधान परियोजना के विभिन्न केन्द्रों पर हुई वर्षा एवम् वाष्पन-वाष्पोत्सर्जन, मृदा की जल ग्रहण शक्ति तथा नमी उपलब्धता की अवधि इत्यादि का अध्ययन किया गया है। इसका विवरण तालिका 8.1 में दिया गया है। इस तालिका से पता चलता है कि कई क्षेत्रों जैसे कि बैंगलोर, रांची व भुवनेश्वर में नमी उपलब्धता की अवधि बहुत लम्बी है, जबकि जोधपुर जैसे क्षेत्रों में यह अवधि बहुत कम है। उप-पर्वतीय इलाकों जैसे कि राखधियानसर व होशियारपुर में भी नमी की उपलब्धता लम्बे समय के लिये होती रहती है। इससे अधिक लम्बी उचित फसलें व फसल प्रणालियाँ चुनने में बहुत सहायता मिलती है। खराब मौसम वाली स्थिति के लिये उचित फसल प्रणालियाँ सुझाई गई हैं जिनका विवरण बाद में दिया गया है।

2. फसल का बदलाव–

ऊपर दिये गये बहुत से केन्द्रों पर परम्परागत फसलों की बजाय अधिक सक्षम एवम् टिकाऊ फसलों के बारे में खोज की गई। इसके परिणामस्वरूप हर क्षेत्र के लिये परम्परागत फसलों की अपेक्षा अधिक स्थायी उपज वाली फसलों की सिफारिश की गई है। कुछ केन्द्रों पर किये गये परीक्षणों के अनुसार आँकड़े तालिका 8.2 में दिये गये हैं।

इसी प्रकार केन्द्र पर जिन अधिक स्थायी फसलों को पहचाना गया है उनका विवरण तालिका 8.3 में दिया गया है। इनमें खरीफ व रबी दोनों ही मौसमों की फसलें दी गयी हैं। जिन स्थानों के लिये रबी की फसल नहीं बताई गई है वहाँ की नमी की उपलब्धता को देखते हुए एक ही फसल सम्भव है। दोहरी फसल के बारे में चर्चा इस अध्याय में बाद में की गयी

है । इन फसलों को हर केन्द्र पर उगा कर देखा गया है तथा यह पता चला कर निष्कर्ष निकाला गया है कि इन पर मौसम का खास तौर पर वर्षा की अनियमितता के कारण कम प्रभाव पड़ता है ।

3. फसल-प्रणालियाँ–

बारानी क्षेत्रों में किसान अक्सर एक साल में एक ही फसल की पैदावार करते हैं । यह फसल वर्षा ऋतु में पैदा की जाती है । जिन क्षेत्रों में वर्षा ऋतु में खेत खाली छोड़ दिये जाते हैं उनमें वर्षा के जल का संरक्षण करके रबी मौसम की फसल होती है । नमी व भूमि का अधिकाधिक उपयोग तभी संभव है अगर दोहरी या मिश्रित फसल प्रणालियाँ अपनायी जायें । इन प्रणालियों में उचित अवधि वाली किस्मों व फसलों का चुनाव करने के बाद तथा हर क्षेत्र की वर्षा व मृदा के अनुसार कुछ निर्णय लिये गये हैं । इनका विवरण तालिका 8.4 में दिया गया है ।

विभिन्न फसल प्रणालियाँ इस प्रकार हैं:—

3.1 अन्तरासस्यन :—

प्राचीन काल से ही किसान मिलवां फसलों की खेती करते आ रहे हैं । इस प्रकार की खेती से वर्षा के कम होने या बीमारियों के प्रकोप के कारण से होने वाली हानि को काफी कम किया जा सकता है । हालांकि किसान अक्सर दो फसलों की ही मिलवां खेती करते हैं, परन्तु कहीं-कहीं, नौ फसलों की मिलवां खेती भी देखने को मिली है ।

पुरानी मिलवां खेती में फसलों का अनुपात अकेली फसल के मुकाबले कम होता है। अब इस बात पर जोर दिया गया है कि एक फसल का घनत्व ऐसा हो जैसा कि अकेली फसल के लिये होता है तथा उसमें दूसरी फसल का अन्तरासस्यन किया जाय । इस प्रकार न केवल उत्पादन में वृद्धि होगी बल्कि दलहनी फसलों की मिलवां खेती करने से भूमि की उपजाऊ शक्ति भी बढ़ेगी । तेज गति से बढ़ने वाली दलहनी फसलों जैसे कि मूँग व ग्वार इत्यादि, खरपतवारों की वृद्धि को रोकने में भी मदद देती हैं ।

विभिन्न केन्द्रों पर किये गये अनुसंधान कार्यों के फलस्वरूप बहुत सी अन्तरासस्य खेती की पद्धतियाँ अच्छी पायी गयी हैं । इन पद्धतियों में उन क्षेत्रों के लिये उचित दलहनी व तिलहनी फसलों को भी लिया गया है ताकि इन फसलों का उत्पादन बारानी क्षेत्रों में बढ़ाया जा सके । इन पद्धतियों का विवरण तालिका 8.5 में दिया गया है ।

इन पद्धतियों के साथ-साथ यह ध्यान में रखने वाली बात है कि कतारों की दूरी कितनी हो क्योंकि नमी व भूमि का उचित उपयोग करने के लिये पौधों की उचित संख्या का होना आवश्यक है । यह तभी संभव है जब कतारों में बुआई की जाय । कतारों की आपस में दूरी उचित हो तथा हर कतार में पौधे से पौधे की दूरी भी उचित रखी जाय । यह भी आवश्यक है कि ऐसी किस्में चुनी जायें जो कि एक दूसरे के अन्तरासस्यन के योग्य हो या दोहरी फसल पद्धति में सही बैठ रही हों ।

तालिका 8.5 से यह स्पष्ट झलक मिलती है कि ये नई अन्तरासस्यन पद्धतियाँ, जो कि कतारों में बुआई पर आधारित हैं, से खरीफ व रबी दोनों मौसमों में फसल ली जा सकती है। कुछ क्षेत्रों में रबी की फसल नमी के अभाव के कारण सम्भव नहीं है परन्तु अधिक वर्षा होने के उपरान्त अगर नमी उचित हो तो रबी की फसल भी ली जा सकती है। थोड़ा फेरबदल बुआई की विधि में भी हो सकता है। एक फसल की बुआई पहले करके दूसरी फसल का अन्तरासस्यन कुछ समय उपरान्त किया जा सकता है। दोनों मौसम में फसल लेने की विधि नीचे दी जा रही है।

3.2 दोहरी फसल पद्धति:—

जहाँ वर्षा की अवधि लम्बी है तथा वर्षा की मात्रा 750 मि.मी. से अधिक है वहाँ दो फसलें ली जा सकती हैं। लेकिन इसके लिये प्रथम फसल के दौरान नमी का संरक्षण करना बहुत आवश्यक है। पहली फसल की अवधि भी कम होनी आवश्यक है ताकि उचित नमी में दूसरी फसल की बुआई हो सके। पहली फसल की बुआई भी जल्दी की जानी चाहिये तथा कटाई में भी अधिक समय नहीं लगाना चाहिये। कुछ स्थानों में रबी की बुआई पहले नहीं की जा सकती क्योंकि गेहूँ इत्यादि फसलों को तापमान कम होने पर ही बोया जा सकता है। इस कारण वर्षा के जल का संचय करके बुआई से पहले पानी देकर खेत तैयार करना आवश्यक है अन्यथा बीजों का फुटाव कम होने से उत्पादन कम होगा। विभिन्न क्षेत्रों के लिये उचित फसल चक्र तालिका 8.6 में दिये गये हैं।

4. वर्षा देर से होने पर भूमि का उपयोग–

बारानी क्षेत्रों में बहुत बार ऐसा होता है कि मानूसन की वर्षा देर से होती है। ऐसी हालत में बहुत बार तो किसान खेत को खाली छोड़ देते हैं। इससे भूमि का उचित उपयोग नहीं हो पाता। बहुत से किसान देर से बुआई करने के समय भी उसी किस्म को बो देते हैं जो कि उचित समय पर बोने से तो अच्छी उपज देती है परन्तु देरी से बोने पर उत्पादन बहुत कम होता है। अब ऐसी किस्मों की पहचान कर ली गई है जो कि देर से बुआई के लायक हैं। लेकिन अगर वर्षा सही समय पर हो तो इन किस्मों को बोने की बजाय उचित किस्म ही बोना ठीक है ताकि सही समय पर हुई वर्षा का भरपूर लाभ उठाया जा सके। सभी क्षेत्रों के लिये उचित समय व देरी से बुआई करने के लिये सभी उचित फसलों की किस्मों का विवरण संकलित किया गया है। इनमें से हर क्षेत्र की खास फसल व किस्मों का वर्णन तालिका 8.7 में किया जा रहा है।

इस प्रकार देरी से उचित किस्म की बुआई करने पर भूमि खाली नहीं रहेगी व वर्षा व भूमि का उचित उपयोग संभव होगा।

5. संरक्षित नमी के अनुसार रबी की फसल का चयन–

वर्षा के मौसम से प्राप्त जल के संरक्षण की मात्रा पर रबी की फसल का उत्पादन निर्भर करता है। अगर अधिक नमी का संरक्षण सम्भव हो पाया हो तो रबी में ऐसी फसलों को उगा पाना सम्भव है जिनकी नमी की आवश्यकता कुछ अधिक है। अगर संरक्षण कम मात्रा में

हुआ तो किसान को ऐसी फसल का चयन करना चाहिये जिसकी नमी की आवश्यकता कम हो ।

हिसार केन्द्र में किये अध्ययनों के आधार पर रबी के मौसम की फसल के चयन के बारे में कुछ बातों पर प्रकाश डाला गया है तथा फसलें सुझाई गई हैं । इन फसलों के बारे में तालिका 8.8 में बताया गया है ।

इस प्रकार हम उचित फसलों का चुनाव करके भूमि एवम् नमी का अधिकाधिक उपयोग कर सकते हैं । नमी का संरक्षण खरपतवारों पर नियंत्रण करके भी सम्भव है । फसल के चुनाव के साथ-साथ बिजाई के तरीकों का भी महत्व है ताकि फसल का घनत्व अधिक हो । इस बारे में अध्ययन अगले अध्याय में किया गया है ।

तालिका – **8.1** : विभिन्न बारानी अनुसंधान केन्द्रों पर नमी की उपलब्धता अवधि

केन्द्र	वर्षा (मिलीमीटर)			नमी उपलब्धता
	कुल	विश्वसनीय	दिवस	अवधि
काली मिट्टी वाले क्षेत्र				
राजकोट	675	523	134	मध्य जून से अक्तूबर अंत
उदयपुर	661	512	164	मध्य जून से दिसम्बर अंत
अकोला	618	702	196	मध्य जून से दिसम्बर अंत
इन्दौर	1054	858	196	मध्य जून से दिसम्बर अंत
रीवा	1140	932	196	मध्य जून से दिसम्बर अंत
झाँसी	999	809	196	मध्य जून से दिसम्बर अंत
शोलापुर	743	584	168	जून आरम्भ से नवम्बर अंत
बीजापुर	573	434	105	मध्य अगस्त से मध्य नवम्बर
बैलारी	519	387	105	मध्य अगस्त से मध्य नवम्बर
कोविलपट्टी	724	622	135	सितम्बर अन्त से जनवरी/फरवरी
लाल मिट्टी वाले क्षेत्र				
बैंगलोर	924	712	217	मई आरम्भ से दिसम्बर अन्त
अनन्तपुर	563	444	120	अगस्त आरम्भ से नवम्बर अन्त
भुवनेश्वर	1483	1197	217	मई आरम्भ से दिसम्बर अन्त
रांची	146	1217	277	मई अन्त से फरवरी अन्त

जलोढ मिट्टी वाले क्षेत्र				
वाराणसी	1114	909	224	जून अन्त जनवरी/फरवरी
आगरा	766	604	187	मध्य जून से मध्य जनवरी
सिरोजिमिक मिट्टी वाले क्षेत्र				
जोधपुर	380	265	74	जुलाई आरम्भ से मध्य सितम्बर
हिसार	447	327	88	मध्य जुलाई से सितम्बर अन्त
दान्तीवाडा	619	436	120	जुलाई आरम्भ से अक्तूबर अन्त
उपपर्वतीय मृदाओं वाले क्षेत्र				
होशियारपुर	706	551	210	मध्य जुलाई से फरवरी आरम्भ
राखधियानसर	1184	864	308	जून अन्त से मध्य अप्रैल

तालिका – **8.2** : परम्परागत तथा अधिक सक्षम फसलों की उपज

केन्द्र	परम्परागत फसल	उपज (क्विं/है.)	सक्षम फसल	उपज (क्विं/है.)
बैलारी	कपास	2.0	ज्वार	26.7
वाराणसी	गेहूँ	8.6	चना	28.5
रांची	चावल	28.8	मक्का, सोयाबीन	33.6 33.6
इन्दौर	मूँग, गेहूँ	11.8-11.2	कुसुम	24.2
आगरा	गेहूँ	10.3	सरसों	20.4
हिसार	गेहूँ	3.2	तारामीरा	16.1
उदयपुर	मक्का	18.3	संकर ज्वार	29.0

तालिका – **8.3** : विभिन्न केन्द्रों के लिये स्थायी उपज वाली फसलें

केन्द्र	स्थायी उपज वाली फसलें
जोधपुर	संकर बाजरा, मूँग, अरन्डी, ग्वार, सूर्यमुखी, कुसुम
हिसार	संकर बाजरा, ग्वार, मूँग, सरसों, राई
अनन्तपुर	मूँगफली, अरन्डी, बाजरा, ज्वार व अरहर
राजकोट	ज्वार, कपास, अरन्डी, मूँगफली
हैदराबाद	अरन्डी, ज्वार, रागी, बाजरा तथा कुसुम, चना (भारी मिट्टियाँ)
बैंगलोर	रागी, मक्का, मूँगफली

शोलापुर	संकर बाजरा, ज्वार, मूँगफली व चना
बीजापुर	संकर बाजरा, रागी, सूर्यमुखी, मूँग व कुसुम
बैलारी	रबी ज्वार, कुसुम, सेम, चना

तालिका — **8.4** : वर्षा व मृदा के अनुसार सक्षम फसल प्रणालियाँ

वर्षा (मि.मी.)	मृदा की किस्म	नमी उपलब्धता अवधि (सप्ताह)	सक्षम फसल प्रणाली
350-600	लाल मिट्टी	20	खरीफ की एक फसल
350-600	बलुई या जलोढ़	20	रबी या खरीफ की एक फसल
350-600	काली, गहरी	20	रबी की एक फसल
600-750	लाल, काली या जलोढ़	20 से 30	अन्तरासस्यन
750-900	लाल, काली, जलोढ़ या उपपर्वतीय	30 से अधिक	दोहरी फसल प्रणाली
900 से अधिक	हर प्रकार की मृदा	30 से अधिक	दोहरी फसल प्रणाली

तालिका — **8.5** : विभिन्न बारानी केन्द्रों पर पायी गई सक्षम अन्तरासस्यन पद्धतियाँ

केन्द्र	अन्तरासस्यन पद्धति	कतारों का अनुपात
काली मिट्टी वाले क्षेत्र		
अकोला	ज्वार + अरहर	2 : 1
	ज्वार + मूँग /उड़द	2 : 1
	बाजरा + अरहर	2 : 1
	कपास + मूँग/लोबिया	1 : 1
	कपास + अरहर	2 : 1 या 2
	अरहर + मूँग	1 : 3
इन्दौर	ज्वार + अरहर	2 : 1
	ज्वार + सोयाबीन	2 : 2
	मक्का + सोयाबीन	2 : 2
	सोयाबीन + अरहर	4 या 6 : 2
राजकोट	मूँगफली + अरन्डी	3 : 1
	मूँगफली + अरहर	8 : 1
	बाजरा + अरहर	2 या 4 : 1
झाँसी	ज्वार + अरहर	2 : 1
	बाजरा + चारे का लोबिया	1 : 1
बीजापुर	बाजरा + अरहर	1 : 1

	मूँगफली + अरहर	3 या 4 : 1
	सूर्यमुखी + अरहर	2 : 1
	चना + कुसुम	2 या 3 : 1
	ज्वार + अरहर	2 : 1
	धनिया + कुसुम	7 : 1
शोलापुर	बाजरा + अरहर	2 : 1
	सूर्यमुखी + अरहर	2 : 1 या 2
	मूँगफली + सूर्यमुखी	2 या 3 : 1
	बाजरा + मोठ	2 : 1
	चना + कुसुम	3 : 1
कोविलपट्टी	ज्वार + उड़द	2 : 1
	ज्वार + लोबिया	2 : 1
	कपास + उड़द	2 : 2
बैलारी	ज्वार + धनिया	2 : 1
	कुसुम + धनिया	2 : 1
रीवा	ज्वार + अरहर	2 : 1
	गेहूँ + चना	2 : 2
	चना + अलसी	2 : 1
लाल मिट्टी वाले क्षेत्र		
अनन्तपुर	मूँगफली + बाजरा	6 या 8 : 1 या 2
	मूँगफली + अरहर	5 या 7 : 1 या 2
	मूँगफली + अरन्डी	2 : 1
हैदराबाद	ज्वार + अरहर	3 : 1
	अरन्डी + ज्वार	2 : 2
बैंगलोर	रागी + अरहर	3 : 1
	मूँगफली + अरहर	4 : 1
	रागी + सोयाबीन	1 : 1
भुवनेश्वर	चावल + मूँग या उडद	2 या 3 : 1
	चावल + अरहर	3 या 4 : 1
	रागी + अरहर	2 या 3 : 1
	मक्का + अरहर	2 : 1
रांची	मक्का + अरहर	1 : 1
	चावल + अरहर	2 या 3 : 1
	मूँगफली + अरहर	2 या 3 : 1

	सोयाबीन + अरहर	3 : 1 या 2
	अरहर + उड़द	1 या 2 : 3
	कुसुम + अलसी	1 : 1
बालुई क्षेत्र		
हिसार	बाजरा + उड़द / मूँग	2 : 1
	ग्वार + उड़द	1 : 1
	अरहर + उड़द	1 : 2
जोधपुर	बाजरा + मूँग / लोबिया	1 : 2
	बाजरा + ग्वार	1 : 2
सरदार कृषि नगर	बाजरा + मूँग	1 : 3
	ग्वार + मूँग	2 : 1
	बाजरा + ग्वार	3 : 1
जलोढ़ मृदा वाले क्षेत्र		
वाराणसी	मक्का + उड़द	1 : 1
	अरहर + उड़द	1 : 1
	अरहर + तिल	1 : 1
	मूँगफली + अरहर	2 : 1
	जौ + सरसों	6 : 1
आगरा	बाजरा + मूँग / उड़द	2 : 1
	बाजरा + अरहर	2 : 1
	चना + जौ / अलसी	2 या 3 : 1
उप पर्वतीय मृदा वाले क्षेत्र		
राखधियानसर	मक्का + मूँग /उडद/लोबिया	1 : 2
	गेहूँ + सरसों	4 : 1
	जौ + चना	2 : 2
	चना + सरसों	4 : 1
देहरादून	मक्का + सोयाबीन	2 : 4
	सोयाबीन + चावल	2 : 1
	गेहूँ + सरसों	9 : 1
	गेहूँ + चना	2 : 2

तालिका – **8.6** : विभिन्न बारानी केन्द्रों के लिये दोहरी फसल पद्धति के लिये फसल चक्र

केन्द्र	फसल चक्र
लाल मिट्टी वाले क्षेत्र	
बैंगलोर	सोयाबीन - रागी
	लोबिया - रागी
रांची	चावल - अलसी
	चावल - चना
	रागी - चना
	मूँगफली - जौ
भुवनेश्वर	मूँगफली - कुलथी
	रागी - कुलथी
	चावल - कुलथी
	लोबिया - मक्का
	मक्का - कुलथी
काली या भारी मिट्टी वाले क्षेत्र	
अकोला	ज्वार - कुसुम
	मूँगफली - कुसुम
	मूँग - कुसुम
इन्दौर	मक्का - कुसुम / चना
	ज्वार - कुसुम / चना
	सोयाबीन - गेहूँ
झाँसी	लोबिया / उड़द - कुसुम / चना
	सोयाबीन - सरसों / कुसुम
रीवा	चावल - मसूर
	चावल - गेहूँ / चना
	मूँगफली - चना
	उड़द - गेहूँ
	ज्वार - चना
उदयपुर	मूँग - कुसुम
शोलापुर	मूँग - ज्वार
बीजापुर	लोबिया - ज्वार
	मूँग - कुसुम

जलोढ़ मृदा वाले क्षेत्र	
आगरा	बाजरा - चना / जौ
	मूँग - सरसों
वाराणसी	चावल - चना / गेहूँ
	बाजरा - चना
	तिल - चना
	मूँग - जौ / सरसों
	उड़द - सरसों
उप पर्वतीय मृदा वाले क्षेत्र	
देहरादून	मक्का - चना
	सोयाबीन - गेहूँ / जौ
राखधियानसर	मक्का - गेहूँ / सरसों
	बाजरा - गेहूँ
	उड़द - गेहूँ
होशियारपुर	मक्का - गेहूँ / सरसों
	मक्का - गेहूँ / चना

तालिका – **8.7**: उचित समय व देरी से बुवाई की किस्में

केन्द्र	फसल	उचित समय की किस्में	देरी से बुवाई की किस्में
अकोला	ज्वार	सी एस एच 5 या 9	सी एस एच - 1
अनन्तपुर	मूँगफली	कादिरी -1	कादिरी -1
बैंगलोर	रागी	इन्डाफ - 1 या 2	गोदावरी
बेलारी	ज्वार	एस पी बी 86	एम - 35-1
भुवनेश्वर	चावल	रत्ना या कुमार	डी आर -92
दान्तीवाड़ा	ज्वार	सी एस एच -5 या 6	एस 1049 (चारे की)
देहरादून	मक्का	जी 5 या 2 या विक्रम	अगेती
हिसार	मूँग	वर्षा	एस -9
होशियारपुर	गेहूँ	डब्ल्यू एल -410	सी - 306
जोधपुर	मूँग	एस -8	एस -9
उदयपुर	मक्का	गंगा -5	सट्ठी
वाराणसी	मूँग	वर्षा या के -851	टी -44

तालिका – **8.8** : हिसार केन्द्र में संरक्षित जल के आधार पर फसलों का चयन

संरक्षित मृदा जल (मि.मी.)	सुझाई गई फसल
50-75	तारामीरा
75 से 150	सरसों, चना,
150 से 200	चना, जौ, राया
200 से 300	जौ, चना, मसूर, गेहूँ
300 से अधिक	गेहूँ, मटर, चना

अध्याय– 9

बिजाई के तरीके

यह देखने में आया है कि बारानी क्षेत्रों में फसलों की पैदावार बहुत कम होती है। इसका मुख्य कारण प्रति इकाई क्षेत्रफल में पौधों की कम संख्या का होना है। पौधों की प्रति इकाई क्षेत्रफल में संख्या, बीजों के अंकुरण, भूमि में नमी और बिजाई के तरीकों पर निर्भर करती है।

1. बिजाई के मुख्य तरीके–

बिजाई के दो मुख्य तरीके हैं। एक "केरा" और दूसरा "पोरा" द्वारा बिजाई। बहुत सी छोटे आकार वाली फसलों की बखेर कर भी बिजाई की जाती है, जैसे कि तिल की फसल। ऐसी अवस्था में जब बीज कीमती हों, उनकी मात्रा कम हो और मजदूर मिलने में कोई कठिनाई न हो, बीजों को चोब (Dibble) कर बोया जाता है।

केरा विधि में हल द्वारा कूड खोली जाती है और बीज कूड खुलने के पीछे-पीछे बोया जाता है। केरा विधि में यह आवश्यक है कि बिजाई के पश्चात् पाटा फेरा जाय। बारानी क्षेत्रों में रबी की फसलों की बिजाई पोरा विधि से की जाती है। पोरा या तो बांस का या लोहे का बना होता है जिसे हल के हत्थी के पीछे, बिजाई करते समय बांधा जाता है। बीज पोरे के मुँह में डाला जाता है जो सीधे कूड की तह में पड़ता है जहाँ पर्याप्त मात्रा में नमी होती है। पोरे से बिजाई के पश्चात् पाटा नहीं चलाया जाता और कूडों को खुला ही छोड़ा जाता है। जो हल्की सी मिट्टी कूडों में बीजों के ऊपर पड़ती है वही उन्हें ढकने के लिये काफी होती है।

कुछ फसलों की पौध रोपी जाती है जैसे कि धान, रागी इत्यादि। अगर वर्षा देर से हुई हो और बाजरे की फसल लेनी हो तो बाजरे की पौध की रोपाई की सिफारिश की जाती है। रोपाई लाईनों में और 21 से 25 दिन की आयु वाली पौध, एक स्थान पर 2-3 की संख्या में लगायी जाती है।

बिजाई का एक और तरीका, जिसे रिज-फरो तरीका (Ridge-furrow system) से जाना जाता है, शुष्क क्षेत्रों के लिये बहुत उपयोगी साबित हुआ है। इस तरीके में बिजाई नाली (Furrow) में की जाती है और मेड (Ridge) को खाली छोड़ा जाता है। ऐसा करने से वर्षा का पानी नालियों में एकत्रित हो जाता है और पौधों को भूमिपानी ज्यादा मात्रा में और अधिक समय के लिये उपलब्ध होता है। मेड़ों (Ridges) की दिशा की हवा की कार्यशीलता, हवा की आर्द्रता और भूमि-पानी पर असर पड़ता है। केन्द्रीय शुष्क अनुसंधान संस्थान, जोधपुर

में किये गये अनुसंधानों से यह विदित हुआ है कि मेड़ों की उत्तर पश्चिम - दक्षिण पूर्व (NW-SE) दिशा सबसे अच्छी साबित हुई ।

2. रिजर सीडर बिजाई के लिये सर्वोत्तम–

चौधरी चरनसिंह हरियाणा कृषि विश्वविद्यालय, हिसार, ने एक रिजर सीडर की ईजाद की है, जिससे बाजरा जैसी फसलों की उत्तम बिजाई होती है । रबी में सरसों जैसी फसलें भी इस यंत्र द्वारा बोई जाती हैं । इस यंत्र में खास बात यह है कि खरीफ में मेड़ों पर बिजाई की जाती है और रबी में यह हल्की गहरी नाली में बिजाई करता है । आम तौर पर रबी के मौसम में, खास तौर पर बारानी क्षेत्रों में, भूमि की ऊपरी सतह में नमी की कमी हो जाती है । यह यंत्र भूमि की सतह को 10-15 सेन्टीमीटर खोलकर, भूमि में जहाँ नमी हो वहाँ बिजाई करता है और ऊपर हल्की सी मिट्टी द्वारा उसे ढक देता है । इस विधि द्वारा फसलों का अंकुरण उत्तम होता है और पैदावार भी अधिक होती है ।

3. बिजाई की गहराई–

बारानी क्षेत्रों में बिजाई की गहराई का ध्यान रखना अति आवश्यक है । अधिकतर फसलें 4 से 5 सेन्टीमीटर की गहराई पर बोई जाती हैं । बड़े आकार वाली फसलें, जैसे अरन्डी अधिक गहराई (10 से.मी.) पर भी बोई जा सकती हैं । कुछ फसलें जैसे तिल, सरसों इत्यादि ढाई से तीन सेन्टीमीटर की गहराई पर बोनी चाहियें । इसके लिये आवश्यक है कि भूमि में नमी, खास तौर पर ऊपरी सतह में, काफी हो । सूरजमुखी और कुसुम के बीजों को 5 सेन्टीमीटर की गहराई पर ही बोना उचित है ।

4. बीजों को भिगो कर बोना–

कुछ फसलों के बीजों को भिगो कर बोना लाभदायक होता है । अरण्डी, कुसुम और सूरजमुखी के बीजों को 18 से 24 घन्टे पानी में भिगाने के पश्चात् ही बोना चाहिये । ऐसा करने से इन बीजों का अंकुरण अच्छा होता है । सूरजमुखी के बीजों को किसी भी गहराई (2, 4, 6 से.मी.) पर क्यों न बोया जाय, बीजों को भिगो कर बोना ही लाभदायक सिद्ध हुआ है । कुसुम के बीजों को कम गहराई पर (2 से.मी.) बोने से ही भीगे हुए बीजों का फायदा मिलता है । रबी की फसलों के बीजों को तो भिगो कर ही बोना चाहिये, ताकि अंकुरण अच्छा और जल्दी हो सके ।

5. फसलों को समय पर बोना–

कोई भी फसल क्यों न हो उसे समय पर ही बोना अधिक लाभकारी है । हैदराबाद में किये गये परीक्षणों से यह साबित हो गया है कि खरीफ ज्वार को देर से बोने से पैदावार में काफी कमी होती है जैसा कि तालिका 9.1 से ज्ञात होता है—

तालिका 9.1 : **बिजाई के समय का खरीफ ज्वार की पैदावार पर प्रभाव**

बिजाई तारीख	पैदावार (क्विं प्रति हैक्टेयर)
जून 9	54.1
जून 22	46.1
जुलाई 2	17.2
जुलाई 21	0.9
अगस्त 4	0.8

देर से बोई हुई फसल की पैदावार कम होती है क्योंकि वह वर्षा और भूमि में उपलब्ध नमी का पूरी तरह से फायदा नहीं उठा पाती । देर से बोई हुई फसल कमजोर होती है और उसमें कीड़ों और बीमारियों का भी अधिक प्रकोप होता है । देर से बोई जाने वाली फसलों की पैदावार की क्षति को किसी प्रकार भी पूरा नहीं किया जा सकता । सिंचाई वाले क्षेत्रों में तो देर से बोई जाने वाली फसल को 20 से 25 प्रतिशत अधिक बीज की मात्रा का प्रयोग करके और ज्यादा खाद देने से पूरा किया जा सकता है परन्तु बारानी क्षेत्रों में ऐसा नहीं किया जा सकता ।

6. युगल पंक्तियों में बिजाई और उसके लाभ–

यों तो लाईनों में बोई जाने वाली फसलें एक समान के अन्तर की दूरी पर ही बोई जाती हैं । ऐसा जब होता है जब खेत में केवल एक ही फसल लेनी हो । परन्तु अगर दो फसलें एक ही खेत में साथ-साथ लेनी हों तो उन्हें युगल पंक्तियों में लिया जाता है । जैसे बाजरा और मूँग अगर मिलवां बोनी हो तो बाजरे की कतारें 30 सेन्टीमीटर के अन्तर पर बोई जाती हैं और दो बाजरे की कतारों के बाद 70 से.मी. वाली खाली जगह में एक कतार मूँग की बोई जाती है । इसी प्रकार अगर ज्वार और अरहर साथ-साथ एक ही खेत में बोनी हों तो, ज्वार की कतारें 30 से.मी. के अन्तर पर और दो ज्वार की कतारों के बाद, 60 से.मी. वाली खाली जगह में एक कतार अरहर की ली जाती है । ऐसा करने से भूमि, भूमि में नमी, सूरज की गर्मी, हवा और उसमें आर्द्रता का सदुपयोग किया जा सकता है । निराई और गुड़ाई में भी आसानी रहती है । अगर खेत में केवल एक ही फसल बोनी हो तो भी संयुक्त पंक्ति वाली बिजाई का अपना ही लाभ है । केन्द्रीय शुष्क क्षेत्र अनुसंधान संस्थान, जोधपुर में किये गये परीक्षणों से पता चला है कि ग्वार की पैदावार युगल पंक्ति में बिजाई करने से 8 से 46 प्रतिशत, अच्छी वर्षा वाले और सूखा वाले वर्ष में क्रमशः सामान्य बिजाई से, अधिक हुई । गुजरात कृषि विश्वविद्यालय के तारघडिया (राजकोट) के शुष्क अनुसंधान केन्द्र पर किये गये परिणामों से यह सिद्ध हो जाता है । (तालिका 9.2)

तालिका— 9.2 : युगल पंक्ति और साधारण पंक्ति से बिजाई की गई बाजरे की फसल पर प्रभाव (पैदावार क्विं. प्रति हैक्टेयर)

बिजाई विधि	केवल बाजरा	मिश्रित फसल	औसत
साधारण पंक्ति	18.79	17.99	18.39
युगल पंक्ति	22.79	24.79	23.78

युगल पंक्ति में बिजाई की हुई बाजरे की फसल ने भूमि की नमी को, सामान्य बिजाई वाली फसल के मुकाबले में, ज्यादा (12 से 13 प्रतिशत) और अधिक गहराई (60-90 सेन्टीमीटर) से लिया । इससे यह साबित होता है कि युगल पंक्ति में बोई जाने वाली फसलों की जड़ें गहरी जाती हैं और भूमि की नमी का सुचारू रूप से प्रयोग करती हैं । अन्तर्राष्ट्रीय अर्ध-शुष्क कटिबंध फसल अनुसंधान संस्थान (ICRISAT) हैदराबाद में किये गये परीक्षणों से यह जानकारी मिली है कि संयुक्त पंक्ति में बोने से न केवल अरहर की अधिक पैदावार मिली परन्तु उसके साथ बोई जाने वाली फसलें जैसे मूँग, सोयाबीन और रागी की भी अधिक पैदावार उपलब्ध हुई ।

7. बीज और उर्वरक की साथ-साथ बिजाई—

क्या हम बीजों के साथ उर्वरक मिला कर भी बिजाई कर सकते हैं ? इस पर बैंगलोर क्षेत्र पर किये गये अनुसंधान से पता चला कि रागी के बीजों के साथ 100 किलोग्राम डी.ए.पी. प्रति हैक्टेयर का प्रयोग, बगैर किसी हानि के, कर सकते हैं । कई फसलों के बीजों के साथ 5-10 किलोग्राम नत्रजन की रासायनिक खाद मिला कर भी बिजाई कर सकते हैं । ध्यान रहे कि रासायनिक खादों की मात्रा, खास तौर पर घुलन नत्रजन की मात्रा, अधिक न हो और भूमि में नमी पर्याप्त मात्रा में हो ।

8. समयांतर बिजाई (Staggered planting)—

कुछ मिलवाँ खेती की विधियाँ ऐसी हैं जहाँ एक फसल को पहले और उसके कुछ सप्ताह बाद दूसरी फसल बोई जाती है । जैसे बैंगलोर पर किये गये परीक्षणों से यह विदित हुआ है कि अरहर की बिजाई मई में (बैंगलोर में मई के महीने में 80 से 100 मिलीमीटर तक वर्षा होती है) और रागी की बिजाई/रोपाई जून के आखिर में या जुलाई के शुरू में, अरहर की कतारों के बीच में कर दी जाती है । ऐसा करने से दोनों फसलों की पैदावार अच्छी होती है ।

9. सूखी बिजाई (Dry Seedling) –

आम तौर पर बिजाई वर्षा आरम्भ होने के बाद ही की जाती है । कुछ किसान तो इतनी जल्दी करते हैं कि भूमि अच्छी तरह भीग भी नहीं पाती है कि बिजाई कर देते हैं । जब तक भूमि अच्छी तरह भीग न जाये, बिजाई नहीं करनी चाहिये । कुछ परिस्थितियों में वर्षा

होने से पहले ही बिजाई कर दी जाती है । इसे सूखी बिजाई (Dry seedling) कहते हैं । अन्तर्राष्ट्रीय अर्ध-शुष्क कटिबंध फसल अनुसंधान संस्थान (ICRISAT) हैदराबाद में किये गये अनुसंधानों से पता चला है कि सूखी बिजाई तब करनी चाहिये जब 20 मिलीमीटर वर्षा की सम्भावित (Probability) मात्रा 70 प्रतिशत हो । सूखी बिजाई के लिये यह आवश्यक है कि:—

1. खेत अच्छी तरह तैयार हो—उसमें ढेले और खरपतवार इत्यादि न हों ।
2. बोते समय दीमक-नाशक दवाई का उपयोग किया जाय ।
3. बीज छोटे आकार वाले न हों—जैसे तिल इत्यादि ।
4. बीज कुछ सामान्य गहराई से गहरे बोये जायें । अधिकतर बीज 10 से.मी. की गहराई पर बोने चाहियें ।

सूखी बिजाई के लिये सभी फसलों के बीज एक समान उपयुक्त नहीं हैं । यह देखा गया है कि ज्वार, मूँगफली, अरणी, अरहर जैसे बीज सूखी बिजाई के लिये उपयुक्त हैं । भुवनेश्वर, वाराणसी जैसे क्षेत्रों में जहाँ खरपतवार की समस्या अधिक है सूखी बिजाई की सिफारिश नहीं की जाती । भारी काली मिट्टी वाले क्षेत्रों में जहाँ वर्षा का होना निश्चित ही है, सूखी बिजाई की जा सकती है । भारत में ऐसे क्षेत्र हैं जहाँ वर्षा होने पर, खेत की मिट्टी चिकनी होने के कारण, बिंजाई करना असम्भव हो जाता है, क्योंकि किसान खेत में प्रवेश ही नहीं कर पाता और न ही हल चला पाता है । ऐसी अवस्था में सूंखी बिजाई करने के अतिरिक्त और कोई चारा ही नहीं है । सूखी बिजाई जो कि वर्षा आरम्भ होने की आकांक्षा में की जाती है, फसल को न केवल ठीक स्थापित होने में, अपितु वर्षा के पानी का पूर्ण रूप से इस्तेमाल करने में, सहायक होती है । ऐसे क्षेत्र जहाँ वार्षिक वर्षा 750 मिलीमीटर या अधिक होती हो और वह भी भरोसेमन्द हो, और वर्षा शुरू होने के उपरान्त कुछ दिनों तक होती रहे, सूखी बिजाई के लिए उपयुक्त सिद्ध हुए हैं । मालवा और विदर्भ में कपास की सूखी बिजाई की जाती रही है । बम्बई में वर्षा होने के 8 से 10 दिन के उपरान्त इन्दौर में वर्षा का प्रारम्भ होता रहा है । बम्बई में वर्षा शुरू होते ही, मालवा का किसान कपास की सूखी बिजाई कर देता है । हल्की, रेतीली और लाल भूमि में जहाँ वर्षा के उपरान्त ऊपरी सतह पर पपड़ी बन जाती हो, सूखी बिजाई नहीं करनी चाहिये ।

केन्द्रीय कृषि यांत्रिक संस्थान, भोपाल में किये गये परीक्षणों से पता चला है कि सोयाबीन की सूखी विधि से बिजाई करना संभव नहीं है । अगर मिट्टी भारी और चिकनी हो तो बाजरा और मूँगफली के बारे में भी यही ठीक है । हिसार में किये परीक्षणों से सूखी बिजाई से बाजरे की ज्यादा पैदावार मिली जैसा कि तालिका 9.3 से विदित है—

तालिका— 9.3 : बिजाई की विधि का बाजरे की पैदावार पर प्रभाव (पैदावार क्विं./है.)

बिजाई की विधि	साधारण बिजाई	सूखी बिजाई
देशी हल से (पोरे द्वारा)	10.0	15.8
ट्रैक्टर चालित रिजर सीडर से	18.0	24.3

हल्की मिट्टी वाली भूमि पर पपड़ी न बनने देने के लिये सूखी बिजाई मेड़ों पर रिजर सीडर द्वारा करनी चाहिये ।

10. बीज और भूमि—नमी का सम्पर्क—

सच बात तो यह है कि अगर बिजाई के लिये भूमि में नमी पर्याप्त है तो सभी बिजाई की विधियाँ पैदावार के हिसाब से करीब-करीब एक सी साबित हुई हैं। लेकिन भूमि में नमी, खास तौर पर बिजाई वाली गहराई पर, अगर कम है तो बिजाई करने की गहराई, कूड़ खोलने का यंत्र और बिजाई के बाद बीजों को दबाने या न दबाने से, बीजों और भूमि में नमी का सम्पर्क होना अति आवश्यक है जिसके लिये यंत्र से बिजाई करने पर, बीजों को पैकर से दबाना बहुत आवश्यक है ।

अध्याय –10

बारानी क्षेत्रों में रासायनिक खादों का उपयोग

1. पौधों के पोषक तत्व और उनको प्राप्त करने के तरीके:–

मनुष्य और जानवरों की भांति पौधों को भी भोजन की आवश्यकता होती है । सोलह पोषक तत्व–कार्बन, हाइड्रोजन, आक्सीजन (हवा और मृदा-जल से), नाइट्रोजन, फॉस्फोरस, पोटेशियम, कैल्शियम, मैंगनीशियम, गन्धक, लोहा, जस्ता, मैंगनीज, तांबा, बोरोन, मालिबडनम और क्लोरीन (मिट्टी माध्यम से) पौधों की वृद्धि और विकास के लिये आवश्यक हैं । नाइट्रोजन, फास्फोरस और पोटेशियम का उपयोग पौधे अधिक मात्रा में करते हैं और इसलिए इन्हें प्राथमिक तत्व कहा जाता है । कैल्शियम, मैग्नीशियम और गंधक की भी पौधों को काफी मात्रा में आवश्यकता होती है । इनके अतिरिक्त लोहा, जस्ता, मैंगनीज, तांबा, बोरोन, मालिबडनम और क्लोरीन की बहुत कम मात्रा में आवश्यकता पड़ती है और इसलिए इन्हें सूक्ष्म पोषक तत्वों के नाम से जाना जाता है ।

पौधे निम्नलिखित तरीकों से पोषक तत्व प्राप्त करते हैं:–

1. मृदा विलयन में मिट्टी के स्वतन्त्र जल में घुले हुए लवण पाये जाते हैं ।
2. मिट्टी और जीवांश पदार्थ के प्रतिसूक्ष्म कणों, जिन्हें क्रमश: मृतिका और ह्यूमस कण कहते हैं, उनकी ऊपरी सतह पर मौजूद विनिमयशील आयनों में ।
3. आसानी से विघटन होने वाले खनिजों, और
4. पत्तियों की ऊपरी सतहों पर मौजूद अति सूक्ष्म छिद्रों के द्वारा जिन्हें स्टोमेटा कहते हैं ।

2. शुष्क क्षेत्रों की मृदा–उर्वरता का मूल्यांकन और उनमें उर्वरक खादों का प्रयोग:–

शुष्क क्षेत्रों की सभी मृदाओं में नाइट्रोजन पदार्थ की कमी पाई जाती है । बहुत सी मृदायें, खास तौर से काली और लाल मृदाओं में, फॉस्फोरस की भी कमी पाई जाती है । हाल ही में किये गये सर्वेक्षण से ज्ञात हुआ है कि 372 जिलों में जहाँ सर्वेक्षण किया गया, 45 प्रतिशत ऐसे थे जिनमें फॉस्फोरस की अधिक कमी और 50 प्रतिशत ऐसे थे जो मध्यम श्रेणी में आते हैं । जिन क्षेत्रों और मृदाओं में हल्की और सघन खेती की जाती है, पोटाश की कमी पाई जाती है । रेतीली और हल्की मृदाओं में जस्ते की मात्रा आवश्यकतानुसार कम है । शुष्क

क्षेत्रों में नाइट्रोजन और फॉस्फोरस के अतिरिक्त, जस्ते की आम तौर पर कमी पाई गई । सौराष्ट्र (गुजरात) जहाँ मूँगफली की खेती सबसे ज्यादा होती है, गन्धक की कमी पाई गई ।

एक सर्वेक्षण से जो 112 असिंचित जिलों में किया गया, मालूम पड़ा कि उर्वरक की औसतन खपत केवल 18.5 किलोग्राम प्रति हैक्टेयर (नाइट्रोजन+ फॉस्फोरस + पोटाश) थी, जबकि सिंचित जिलों में (78 जिले) 57.5 किलोग्राम पाई गई ।

3. बारानी फसलों की उर्वरकों के प्रति अनुक्रिया (Response) :—

भारत में कई सौ परीक्षण जो कि किसानों के बारानी खेतों पर किये गये, से पता चला है कि उर्वरक देने से फसलों की पैदावार में 50 से 129 प्रतिशत तक बढ़ोतरी प्राप्त हुई । यह अब साबित हो गया है कि बारानी क्षेत्रों में उर्वरक देने से लाभ मिलता है ।

3.1– नाइट्रोजनधारी रासायनिक खादों का उपयोग:—

शुष्क अनुसंधान केन्द्रों पर किये गये परीक्षणों से यह सिद्ध हो गया है कि बारानी फसलों को रासायनिक उर्वरक देना उतना ही लाभकारी है जितना कि सिंचाई वाली फसलों को। सभी केन्द्रों पर नाइट्रोजन रासायनिक उर्वरकों ने अपना असर दिखलाया है । अच्छी वर्षा वाले साल में तो, कई बारानी खरीफ की फसलों ने सिंचाई वाली फसलों के बराबर (एक किलोग्राम नाइट्रोजन देने से 20 किलोग्राम दाने प्रति हैक्टेयर) तक असर दिखाया है । आम तौर पर 25 किलोग्राम नाइट्रोजन देने से 6.2 से 20 किलोग्राम दाने प्रति किलोग्राम नाइट्रोजन प्राप्त हुए और 50 किलोग्राम नाइट्रोजन प्रति हैक्टेयर देने से कुछ कम, यानी 5.3 से 15.8 किलोग्राम दाने प्रति किलोग्राम नाइट्रोजन प्राप्त हुए । ज्वार, बाजरा, मक्का, रागी, धान, गेहूँ, जौ, अरन्डी, कुसुम और सरसों ऐसी फसलें हैं जो नाइट्रोजन देने से अधिक लाभान्वित हुई हैं । उर्वरकों का, खासतौर पर नाइट्रोजन का, पैदावार पर असर भूमि की किस्म, बिजाई करते समय उपलब्ध भूमि-जल, और मौसम के दौरान वर्षा पर निर्भर करता है । पंजाब कृषि विश्वविद्यालय, लुधियाना में किये गये प्रयोगों से यह सिद्ध हो गया है कि नाइट्रोजन की मात्रा भूमि-जल की मात्रा की उपलब्धि को ध्यान में रखते हुए ही करनी चाहिये । उन मृदाओं में जिनमें फॉस्फोरस की कमी है, नाइट्रोजन का पूरा असर तब होता है जब फॉस्फोरस की कमी को पूरा किया जाये । यह मक्का पर बैंगलोर में और ज्वार पर हैदराबाद शुष्क केन्द्रों पर किये गये परीक्षणों से पता चला है । (तालिका 10.1).

3.2 – फॉस्फोरसधारी उर्वरकों का उपयोग :—

बारानी क्षेत्रों की मृदाओं को फॉस्फोरस देना आवश्यक है क्योंकि एक तो ये मृदायें पौधों को उपलब्ध होने वाली फॉस्फोरस में कम है और दूसरे उन पर उगाई जाने वाली फसलों का जीवन काल कम होता है । फॉस्फोरस के प्रति अनुक्रिया में फसलों में विभिन्नता होती है । कुछ फसलें मृदा में उपलब्ध फॉस्फोरस का अधिक लाभ उठा पाती हैं। फॉस्फोरस और नाइट्रोजन में बहुत घनिष्ट सम्बन्ध है जिसका वर्णन आगे किया गया है ।

फॉस्फोरस अनुप्रयोग से पौधों की जड़ें गहरी जाती हैं और भूमि पानी का पूरी तरह लाभ उठा पाती हैं । फॉस्फोरस की कमी वाली मृदाओं में फॉस्फोरस देने से फसलें 6 से 10 दिन पहले पक जाती हैं जिससे वे अपने जीवन को पानी उपलब्धता के दौरान ही पूरा कर लेती हैं । जहाँ पानी की कुछ कमी होती है वहाँ उर्वरक देने से भूमि में इकट्ठा पानी जल्द खत्म हो जाता है और फसलों की पैदावार भी कुछ कम हो सकती है ।

बारानी क्षेत्रों में दलहन और तेल वाली फसलें अक्सर कम फॉस्फोरस वाली भूमि पर उगाई जाती हैं । ऐसा करना उनकी अच्छी पैदावार लेने के हित में नहीं है । एक टन बीज या अनाज पैदा करने के लिये अनाज वाली फसलें जैसे कि चना, अरहर, सोयाबीन, मूँगफली, भूमि से 3.2 से 5.3, 4.5, 5.5, 7.3 और 10.3 किलोग्राम प्रति हैक्टेयर फॉस्फोरिक एसिड भूमि से प्राप्त करती हैं । इससे साफ विदित होता है कि दलहन या तेल वाली फसलों को अधिक फॉस्फोरस की आवश्यकता होती है ।

भारत में 18 साल तक बारानी मूँगफली की फसल पर किये गये परिणामों से पता चला है कि भूमि की किस्म के ऊपर निर्भर, एक किलोग्राम फॉस्फोरिक एसिड देने से 5.5 किलोग्राम मूँगफली की फलियाँ उपलब्ध हुईं । बारानी गेहूँ ने जो कि दोमट रेतीली मिट्टी और रेतीली दोमट मिट्टी पर उगाया गया जो कि फॉस्फोरस उपलब्धता में क्रमशः कम और मध्यम श्रेणी की थी, 20 और 40 किलोग्राम फॉस्फोरिक एसिड क्रमशः देने से अच्छी पैदावार दी । इसलिए किसी फसल को फॉस्फोरस देने की मात्रा भूमि में उपलब्ध फॉस्फोरस पर निर्भर करेगी। किसानों के खेतों पर किये गये परीक्षणों से ज्ञात हुआ है कि 34 से 67 किलोग्राम फॉस्फोरिक एसिड देने से चने की पैदावार उत्तरी भारत में 20 प्रतिशत, और 32 से 40 प्रतिशत मध्य भारत और दक्षिण भारत में लाल और काली मिट्टी पर उगाई गई फसल से उपलब्ध हुई ।

आम तौर पर अकोला, बेलारी, बीजापुर, इन्दौर, कोवलपट्टी, राजकोट और शोलापुर की काली मृदायें रासायनिक फॉस्फोरस वाली खादों को नहीं मानतीं, हालांकि ये मृदायें फॉस्फोरस पदार्थ में कम हैं । इसके लिए भूमि में पानी की कमी, अन्य पदार्थ जैसे जस्ता, मैंगनीज की कमी, भूमि की फॉस्फोरस जकड़ रखने की अधिक क्षमता, इत्यादि कारण माने जाते हैं । वरटीसौल (भारी चिकनी मिट्टी वाली मृदायें) पर पैदा की जाने वाली अनाज की फसलें जैसे ज्वार और बाजरा, फॉस्फोरस को अधिक मानती हैं, बनिस्पत दलहल की फसलों जैसे चना और अरहर के ।

फसल चक्र जिनमें दलहनी फसलें शामिल हों, फॉस्फोरस-धारी खादों को दलहन वाली फसल को देना विशेष कर लाभकारी सिद्ध हुआ है । उनके बाद आने वाली अनाज या तिलहन की फसलों के लिए नाइट्रोजन की कम मात्रा की आवश्यकता पड़ी है । दलहन वाली फसलों को दिया हुआ फॉस्फोरस उनके बाद आने वाली फसलों के लिए भी लाभकारी सिद्ध हुआ है ।

3.3– पोटाश-धारी उर्वरकों का उपयोग:–

शुष्क और अर्ध-शुष्क क्षेत्रों में उगाई जाने वाली **फसलें पोटाश** उर्वरकों को इतना नहीं

मानती जितना कि नाईट्रोजन और फॉस्फोरस को। एक तो कम वर्षा वाले क्षेत्रों में फसलों की पैदावार कम होने के कारण पौधों की पोटाश की माँग कम होती है। दूसरे, पोटाश-धारी खनिज प्रचुर मात्रा में पोटाश को पौधों के लिए उपलब्ध कराते रहते हैं। फिर भी, कई फसलें इस्तेमाल किये हुए पोटाश को मानती हैं, जैसे कि बाजरा, रागी, मक्का, सूरजमुखी, उरद और मूँगफली जो कि लाल रेतीली मृदाओं पर उगाई गई। वाराणसी की हल्की दोमट और अनन्तपुर की रेतीली लाल मृदायें, जो पोटाश की मात्रा में कम पाई गई, पोटाश देने से लाभप्रद असर मिला।

मध्य प्रदेश में लाल और काली मिश्रित मृदाओं पर और महाराष्ट्र में मध्यम काली मिट्टी पर कृषकों के खेतों पर शुष्क गेहूँ उगाया गया और उस पर पोटाश का असर देखा गया। फसल को 30 से 60 किलोग्राम पोटाश प्रति हैक्टेयर दी गई जो कि 70 किलोग्राम नाइट्रोजन और 70 किलोग्राम फॉस्फोरस प्रति हैक्टेयर के अतिरिक्त थी। पोटाश का असर तालिका 10.2 में दिखाया गया है।

3.4– सूक्ष्म तत्वों का उपयोग:–

अर्ध-शुष्क क्षेत्रों की मृदाओं की पी.एच 8 या उससे अधिक होती है जिसके कारण कुछ सूक्ष्म तत्वों की जैसे लौहा, मैंगनीज और जस्ते की उपलब्धि कम हो जाती है। इन क्षेत्रों में अधिक सूर्य की गर्मी के प्रभाव से मक्का और धान जैसी फसलों के लिए जस्ते की कमी भी पाई गई है।

अनन्तपुर, बैंगलोर, बेलारी, बीजापुर, भुवनेश्वर, हैदराबाद, इन्दौर, राजकोट और राँची की शुष्क मृदाओं में जस्ते की कमी की रिपोर्ट मिली है। जिंक सल्फेट देने से बैंगलोर में मूँगफली और मक्का, अनन्तपुर में मूँगफली, हैदराबाद और इन्दौर में मक्का में, जस्ता देने से पैदावार में बढ़ोतरी मिली है और लाभ हुआ है। फसलों की किस्में जस्ते की माँग में एक-दूसरे से भिन्न होती हैं।

गन्धक की कमी बहुत से शुष्क क्षेत्रों में पाई गई है। गन्धक की कमी उन क्षेत्रों में मिली है जहाँ नाईट्रोजन और फॉस्फोरस वाली रासायनिक खादें जिनमें गन्धक नहीं होता, जैसे यूरिया, डी.ए.पी. इस्तेमाल की जाती रही है। सघन खेती से भी गन्धक की कमी उत्पन्न हुई है। गन्धक की कमी वाली भूमि में जीवांश पदार्थों के देने से मूँगफली की पैदावार में बढ़ोतरी मिली है। कई और जगहों पर भी गेहूँ, मक्का, सोयाबीन, मूँगफली, सरसों, बरसीम जैसी फसलों में गन्धक देने से पैदावार बढ़ी है।

सघन खेती के अन्तर्गत प्रति इकाई क्षेत्रफल से प्रति इकाई समय में फसलों की उच्चतम पैदावार लेने के लिये यह आवश्यक है कि नाईट्रोजन और फॉस्फोरस उर्वरकों के अतिरिक्त जस्ता और गन्धक-धारी उर्वरकों का प्रयोग किया जाये।

लोहे की कमी चूने के गुण वाली मृदाओं में मिली है। ज्वार की फसल लोहे की कमी को भी मानती है। गेहूँ जैसी फसलें तांबा की कमी को अधिक मानती है।

अब तक के किये गये सूक्ष्म तत्वों पर परीक्षणों से प्राप्त अतिरिक्त जानकारी इस प्रकार है:—

सूक्ष्म तत्व	केन्द्र का नाम	फसलें जिन्हें लाभ मिला है
जस्ता	बैंगलोर, हिसार, अनन्तपुर	मूँगफली, मक्का, बाजरा
बोरोन	बैंगलोर	सूरजमुखी
मोलिब्डनम	बैंगलौर	सोयाबीन

4. उर्वरकों की कार्य-कुशलता बढ़ाना:—

4.1–नाइट्रोजन-धारक उर्वरक :-

फसलों की नाइट्रोजन पुन: प्राप्त करने की क्षमता (Recovery) कम होती है, जो कि दी गई नाइट्रोजन की मात्रा का 20 से 50 प्रतिशत तक होती है । दी गई नाइट्रोजन मात्रा की पुन: प्राप्त करने की क्षमता फसलों के उचित चुनाव, ठीक समय पर बुआई, उर्वरक देने के उचित समय और विधि द्वारा, जीवांश खाद देने से और भूमि और पानी के संरक्षण की उचित विधियों के अपनाने से की जा सकती है ।

4.1.1– फसलों की किस्मों के उचित चुनाव द्वारा:—

यह देखा गया है कि फसलों की उन्नतिशील और संकर किस्में देशी किस्मों की अपेक्षा अनुपयुक्त नाइट्रोजन के प्रति अधिक अनुक्रिया दिखलाती हैं । भारत में ज्वार पर किये गये परीक्षणों से यह जानकारी मिली है कि 50 किलोग्राम नाइट्रोजन प्रति हैक्सेयर देने से देसी किस्म, सी.एस.एच. और "स्वरना" के दानों की पैदावार क्रमश: 70, 21.5, 1 8.7 किलोग्राम दाने प्रति किलोग्राम नाइट्रोजन देने से प्राप्त हुई । इसी प्रकार धान की किस्में रतना और कावेरी, जौ कि किस्में डी.एल. 3 और रतना, रागी की किस्में 202 और इनडाफ 3, संकर मक्का डक्कन, ज्वार की सी.एस.एच. 5 अन्य किस्मों के मुकाबले में, नाइट्रोजन उर्वरकों को अधिक मानती हैं ।

4.1.2– बिजाई का समय :—

बाजरे को जून के आखिरी सप्ताह में बोने से नाइट्रोजन की पुन: प्राप्ति 23 प्रतिशत हुई, जबकि जुलाई के आखिरी सप्ताह में बोई हुई फसल में यह केवल 17 प्रतिशत ही थी ।

4.1.3– उर्वरक देने का समय:—

इस्तेमाल किये गये नाईट्रोजन के बेहतर उपयोग के लिये यह आवश्यक है कि फसलों को जब नाइट्रोजन की सबसे अधिक आवश्यकता हो तब इस्तेमाल किया जाय । नाइट्रोजन की पूरी मात्रा को कुछ भागों में बांट कर भूमि की नमी को ध्यान में रखते हुए फसल के विभिन्न वृद्धिकाल के दरम्यान कई बार में देने से (नाइट्रोजन की आधी मात्रा फसलों के बोते समय और शेष आधी बुवाई के 25 से 45 दिन के बाद) अधिक लाभ होता है । परीक्षणों

द्वारा पता चला है कि इस प्रकार दी गई नाइट्रोजन धान, बाजरा, ज्वार, मक्का इत्यादि को अधिक लाभ पहुँचाती है। जिन क्षेत्रों में वर्षा कम और भरोसेमन्द नहीं होती, वहाँ उगाई जाने वाली फसलों को नाइट्रोजन की दूसरी मात्रा रोकी जा सकती है अगर उस समय वर्षा न हो या भूमि में पानी कम हो, इस प्रकार नाइट्रोजन की बचत की जा सकती है।

4.1.4– उर्वरक देने की विधि:–

बरटीसोल (भारी काली चिकनी मिट्टी वाली मृदा) पर ज्वार पर किये गये प्रयोगों से पता चला है कि नाइट्रोजन की पुनः प्राप्ति नाइट्रोजन के स्पलिट बैंड विधि से सबसे अधिक हुई। नाइट्रोजन की हानि 27.7 प्रतिशत बिखेर कर और भूमि के ऊपरी सतह पर छोड़ देने से, 25.9 प्रतिशत बिखेरने के बाद मिट्टी में मिलाने से, और केवल 5.8 प्रतिशत स्पलिट बैंड विधि द्वारा हुई। 40 किलो नाइट्रोजन और 30 किलो फॉस्फोरस प्रति हैक्टेयर भूमि की नमी में, 5-7 सेन्टीमीटर बीज से नये कूड़ों में डालने से, ज्वार की पैदावार 70 प्रतिशत बढ़ी और शूट-फ्लाई का नुक्सान भी कम हुआ। रबी ज्वार में नाइट्रोजन उर्वरक कूड़ में डालने से उर्वरक की कार्य-कुशलता, बिखेरने के मुकाबले, कई गुना बढ़ गई।

रबी की मौसम में पैदा होने वाली फसलों में लुधियाना, झाँसी और रीवा में गेहूँ की, और झाँसी में जौ की पैदावार में नाइट्रोजन को बिखेर कर देने की अपेक्षा निवेशन द्वारा देने से अधिक लाभ हुआ। लुधियाना में गेहूँ पर किये गये प्रयोगों से यह भलीभाँति साबित हो जाता है। (तालिका 10.3)

ज्वार और बाजरे की पैदावार पर नाइट्रोजन देने की विधि का प्रभाव तालिका—10.4 में दिखाया गया है।

कपास की फसल को बोते समय नाइट्रोजन उर्वरक देना विशेष लाभदायक नहीं है, इसलिये इस्क्वेअर (Square) बनते समय देने की सिफारिश की जाती है। बारानी स्थिति में 25 से 30 किलोग्राम नाइट्रोजन प्रति हैक्टेयर पत्तियों पर घोल छिड़क कर या आधी मात्रा भूमि द्वारा और आधी घोल छिड़क कर देने से, 13 से 51 प्रतिशत अधिक प्रभावशाली साबित हुई। ऐसी परिस्थितियों में जहाँ उर्वरक बोते समय न दिया जा सका हो, या भूमि द्वारा देने में विशेष कठिनाई हो, या फसल रेहाली-भूमि पर उगाई गई हो (जैसे धान), नाइट्रोजन का घोल पत्तियों पर छिड़क कर देना लाभप्रद सिद्ध हुआ है।

4.1.5 – पानी संरक्षण और अन्य सस्य क्रियाओं द्वारा:–

पानी संरक्षण जुताई द्वारा या खेत खाली छोड़ने से, या मल्च (Mulch) इस्तेमाल करने से किया जा सकता है। नाइट्रोजन और मल्च साथ-साथ इस्तेमाल करने से मक्का की पैदावार में अधिक बढ़ोतरी मिली, बनिस्पत केवल नाइट्रोजन या केवल मल्च इस्तेमाल करने से।

बारानी फसलों में उर्वरक देने का पूरा लाभ उठाने के लिये यह आवश्यक है कि और उन्नतशील सस्य विधियाँ अपनाई जायें। भूमि और जल संरक्षण विधियाँ, फसल बोने से पहले

और मौसम के दौरान, सही पौधों की संख्या, खरपतवार और कीटों का उचित और ठीक समय पर नियंत्रण होना आवश्यक है । उन्नतशील सस्य विधियों द्वारा ज्वार की पैदावार 3.5 गुना तक बढ़ गई ।

4.2– फॉस्फोरस-धारक उर्वरक:–

घुलनशील फॉस्फोरस-धारक उर्वरक भूमि में मिलने पर ऐसी दिशा में बदल जाते हैं जो पौधों को आसानी से उपलब्ध नहीं हो पाते । चूंकि ऐसा न हो पाये, उर्वरक देने की ऐसी विधि अपनाई जाये ताकि उर्वरक मृदा के कम से कम भाग के साथ सम्पर्क कर सकें । ऐसी विधि निवेशन है । आगरे में उड़द पर किये गये परीक्षणों से और इन्दौर में सोयाबीन पर किये हुए परीक्षणों से यह पता चला है कि फास्फोरस को 10 से.मी. गहराई पर निवेशन द्वारा या बीज के साथ मिला कर देनें से पैदावार, कहीं अधिक प्राप्त हुई, बनिस्पत बिखेर कर डालने से (तालिका 10.5)

5. पानी और पोषक तत्वों का सम्बन्ध और फसलों की पैदावार पर असर:—

बारानी क्षेत्रों में पानी की कमी फसलों की कम पैदावार के लिये जिम्मेदार है । हमारी सभी सस्य क्रियाएँ और विधियाँ ऐसी होनी चाहियें जिनसे पानी की कार्य-कुशलता बढ़ाई जा सके । नाइट्रोजन देने से बाजरे की पैदावार बढ़ी और वर्षा जो मौसम के दौरान हुई उसकी कार्य-कुशलता भी बढ़ी ।

उर्वरक देने से न केवल पौधों की जड़ें बढ़ती हैं, वरन् वे भूमि-पानी को अधिक गहराई से ले पाती हैं । (तालिका 10.6)

यह देखा गया है कि उर्वरक दी हुई फसल और बगैर उर्वरक दी हुई फसल में कुल पानी की मांग में कोई खास अन्तर नहीं होता । उर्वरक दी गई फसल की पैदावार बगैर उर्वरक दी गई फसल से कई गुनी होती है ।

उर्वरक देने से बल की प्रभावकारिता में वृद्धि पाई गई है जैसा कि चित्र-1 से स्पष्ट हो जाता है । बारानी गेहूँ की फसल में 40, 80 और 120 किलोग्राम नत्रजन प्रति हैक्टेयर देने सें, और प्रयोग में लिये गये पानी की मात्रा करीब-करीब वही रहने पर, जल प्रयोग की प्रभावकारिता में सम्बन्धित वृद्धि क्रमश: 110 से अधिक, 135 और 140 हो गई ।

जहाँ पर पानी की कमी हो, वहाँ फसलें दी गई नाइट्रोजन के प्रति भूमि-पानी की उपलब्धता के आधार पर अनुक्रिया करती हैं । गेहूँ और रबी ज्वार की नाइट्रोजन के प्रति अनुक्रिया इकट्ठे भूमि-पानी पर निर्भर करेगी । भारी चिकनी मिट्टी वाली दोमट मृदा में जिसकी पानी संचित करने की क्षमता 320 मिलीमीटर प्रति मीटर हो, गेहूँ की फसल 120 किलोग्राम नाइट्रोजन प्रति हैक्टेयर अनुक्रिया दिखलाती है, जो कि सिंचाई वाले क्षेत्रों के बराबर है । भूमि की गहराई और उसमें पानी उपलब्ध करने की क्षमता का फसलों की पैदावार पर नाइट्रोजन

का प्रभाव भिन्न होता है, जैसा कि तालिका 10.7 में दर्शाया गया है ।

उर्वरक प्रयोग से ज्वार के उत्पादन में परिवर्तन चित्र 2 में देखने से साफ विदित हो जाता है । 1977-78 में उर्वरक रहित प्लाट में अनाज का उत्पादन केवल 0.5 टन प्रति हैक्टेयर हुआ, जबकि 75 किलो नत्रजन + 40 किलो फॉस्फोरस प्रति हैक्टयर देने से 5.0 टन प्रति हैक्टयर का उत्पादन हुआ ।

6. प्रमुख खरीफ और रबी की फसलों के लिए उर्वरकों की सिफारिशें-

परीक्षणों के आधार पर प्रमुख खरीफ और रबी के मौसम में उगाई जाने वाली बारानी फसलों के लिए उचित पोषक तत्वों की मात्रा तालिका 10.8 और 10.9 में क्रमशः दी गई हैं । ये मात्रा वर्षा और भूमि में पानी संचित रखने की क्षमता, तथा प्राकृतिक भूमि उर्वरकता पर आधारित हैं । फिर भी उचित मात्रा भूमि, फसल-चक्र और मौसम देख कर ही देना ठीक होगा ।

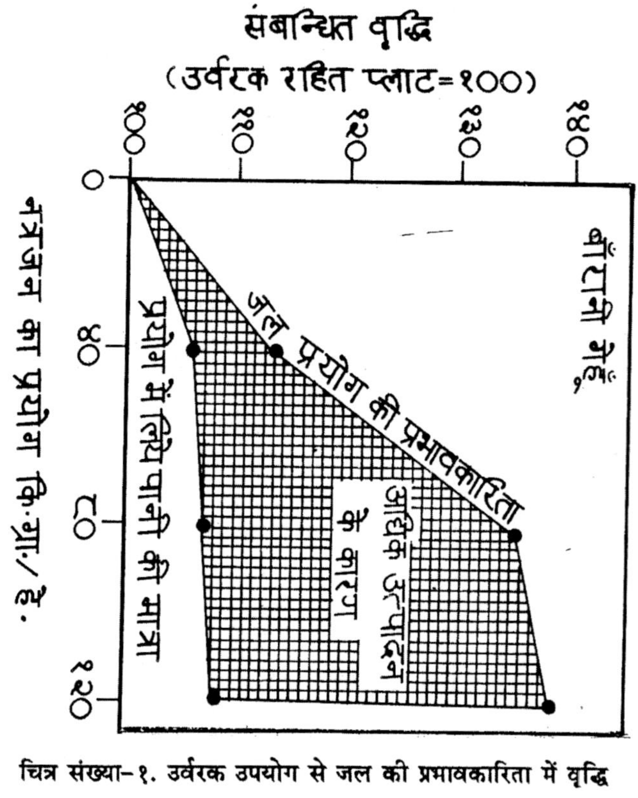

चित्र संख्या–१. उर्वरक उपयोग से जल की प्रभावकारिता में वृद्धि

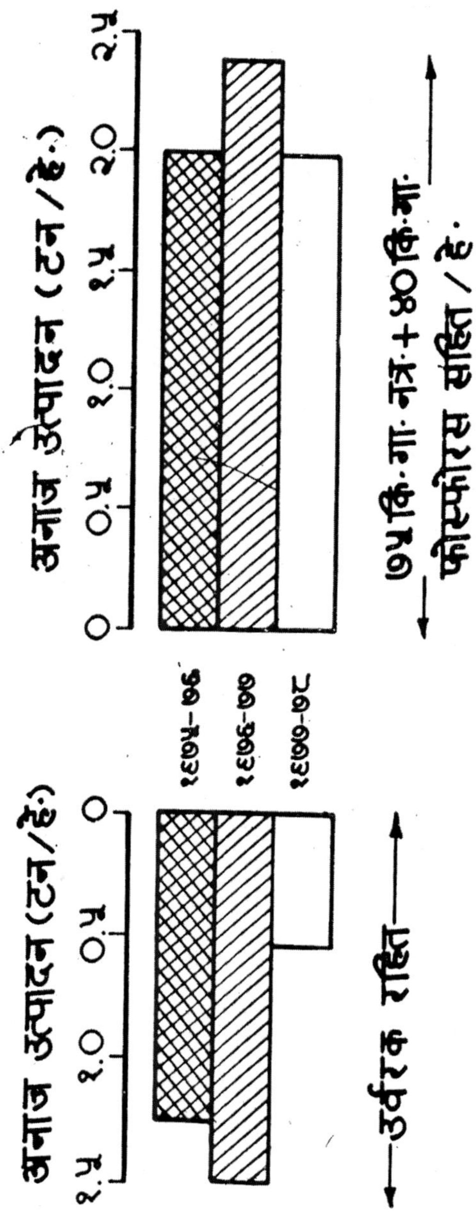

चित्र सं.२—उर्वरक प्रयोग से ज्वार के उत्पादन में परिवर्तन

7. उर्वरकों के उपयोग से आर्थिक लाभ –

चार साल (1976-77 से 1979-80) के दौरान किसानों के खेतों पर किए गये परीक्षणों से यह स्पष्ट हो गया है कि कई शुष्क फसलों को उर्वरक देना पैसे की दृष्टि से लाभप्रद है, जो कि तालिका 10.9.1 से विदित हो जाता है ।

प्रति रुपया उर्वरक पर खर्च करने से सम्पूर्ण लाभ की प्राप्ति का अन्दाजा तालिका 10.9.2 में दिये गये आँकड़ों से मिल सकता है ।

तालिका – **10.1:** मक्का और ज्वार की पैदावार पर नाइट्रोजन और फॉस्फोरस का प्रभाव

नाइट्रोजन की मात्रा (कि.ग्रा./ प्रति है.)	मक्का (बैंगलौर)					ज्वार (हैदराबाद)				
	पी0	पी30	पी60	पी90	औसत	पी0	पी20	पी40	पी60	औसत
एन0	11.9	15.0	22.5	21.3	17.7	6.7	16.9	17.0	—	13.5
एन 1	36.2	43.1	56.2	58.0	48.4	8.3	19.9	28.2	—	18.8
एन 2	36.2	51.2	58.7	75.6	55.4	9.7	23.0	27.7	38.0	24.6
औसत	28.1	36.4	45.8	81.6		8.2	19.9	24.3	38.0	

नोट :– बैंगलोर में एन 1 और एन 2 की मात्रा 50 और 75 किलोग्राम और हैदराबाद में यह मात्रा 20 और 40 किलोग्राम क्रमशः थी ।

तालिका – **10.2** : शुष्क गेहूँ की पैदावार पर पोटाश का प्रभाव

भूमि किस्म	परीक्षणों की संख्या	दानें प्रति कि.ग्रा. पोटाश देने से पैदावार (कि. प्रति है.)	
		पोटाश की मात्रा	
		30	60
मिश्रित लाल और काली मिट्टी			
सतना, मध्य प्रदेश	104	9.3	3.4
सागर, ,,	20	10.6	5.8
उज्जैन, ,,	20	3.9	2.2
मध्यम काली मिट्टी			
अमरावती, महाराष्ट्र	93	4.0	1.6
नांदेड, ,,	40	4.1	2.4
सांगली, ,,	9	5.5	1.9

तालिका – **10.3** : गेहूँ की पैदावार पर नत्रजन देने के तरीके का प्रभाव (पैदावार क्विं/है.) (दो वर्षों का औसत)

देने का तरीका	दोमट बलुई भूमि	मटियार–दोमट भूमि
बिखेर कर	31.3	36.5
निवेशन द्वारा	34.4	41.2

तालिका – **10.4** : ज्वार और बाजरे की पैदावार पर उर्वरक (नाइट्रोजन) देने की विधि का प्रभाव (दो साल का औसत)

नाइट्रोजन देने की विधि		दानों की पैदावार (क्विं/प्रति है.)	
		ज्वार	बाजरा
बिखेर कर		15.5	24.4
निवेशन द्वारा		17.8	29.7
1/2 भूमि द्वारा + 1/2 पत्तों पर छिड़क कर		15.6	26.5
वर्षा फसल के दौरान	1969-70	703.5	703.5
	1970-71	480.0	522.5
भूमि पानी (मिलीमीटर)	1969-70	50.0	50.0
बोते समय	1970-71	110.0	117.0

तालिका – **10.5** : फास्फोरस देने के तरीके का सोयाबीन की पैदावार पर असर

उर्वरक देने की विधि	पैदावार (किलोग्राम प्रति है.)		
	1973	1974	1975
बिखेर कर डालने से	680	790	740
बीज के साथ मिला कर बोने से	920	790	860
कूड में 10 से.मी. गहराई पर डालने से	1050	830	940

तालिका – **10.6** : क्ले लोम भूमि पर उगाये गये गेहूँ की पानी की खपत

मृदा की गहराई (से.मी.)	पानी की खपत (मिलीमीटर में)	
	नियन्त्रण	80 किलोग्राम नाइट्रोजन प्रति हैक्टेयर
0-90	108	112
90-180	45	88

तालिका — **10.7 :** भूमि-पानी उपलब्धता पर आधारित रबी ज्वार की पैदावार पर नाइट्रोजन का प्रभाव

भूमि की गहराई (सेन्टीमीटर में)	पानी की उपलब्धता (मि.मी.)	पैदावार (टन प्रति है.)			
		नाइट्रोजन (कि. प्रति है.)			
		0	25	50	75
0-30	50	0.66	1.23	1.30	1.30
0-60	110	1.66	1.78	2.13	2.33

तालिका — **10.8** :रबी में उगाई जाने वाली प्रमुख फसलों के लिये उर्वरक देने की सिफारिशें।

फसल	औसत वार्षिक वर्षा (मि.मी.)	भूमि में पानी संग्रह करने की क्षमता (मि.मी.)	प्राकृतिक उर्वरता		उर्वरक देने की सिफारिशें (कि./है.)			अन्य सिफारिशें
			एन	पी	एन	पा	के	
रबी ज्वार	150-200	135-145/ 45 से.मी.	नीचे	मध्यम	30-50	13	0	सभी खादें बोते वक्त कूड़ में
गेहूँ	40-80	110-140	,,	,,	30-40	6-13	0	,,
	100-150	90-110	,,	,,	40	9	0	,,
	150-200	110-180	,,	,,	60-80	18	0	,,
	200-250	140-180	,,	,,	60	13	0	,,
जौ	50-100	110-140	,,	,,	60	13	0	,,
	100-250	140-180	,,	,,	40-80	9	10	,,
चना	60-70	110-140	,,	,,	10	11	0	,,
	100-150	145-270/ 90 से.मी.	,,	,,	20	17	0	,,

नीचे स्तर पर एन-280 किलोग्राम से कम : पी = 10 किलोग्राम से कम प्रति हैक्टेयर
मध्यम एन-280-560 कि. से कम : पी = 10-20 किलोग्राम प्रति हैक्टेयर

तालिका — 10.9 : वर्षा के मौसम में पैदा की जाने वाली प्रमुख बारानी फसलों के लिये उर्वरक की मात्रा देने की सिफरिशें।
(औसत सालाना वर्षा भूमि में नमी संग्रह करने की क्षमता और प्राकृतिक उर्वरता पर आधारित)

फसल	औसत सालाना वर्षा (मि.मी.)	भूमि की पानी संग्रह करने की क्षमता (मि.मी.)	भूमि की प्राकृतिक उर्वरता		उर्वरक देने की सिफरिश (कि./है.)			अन्य सिफारिशें
			नत्रजन	फास्फोरस	एन	पी	के	
बाजरा	300-400	80-90/90 से.मी.	–	मध्यम	40	8	0	सभी फास्फोरस और
	600-700	80-90/90 से.मी.	–	मध्यम	75	11	0	पोटाश बोते समय आधी नाईट्रोजन की
		135-145/45. से.मी.	–	मध्यम	50	13	20	मात्रा बोते समय और
ज्वार	600-800	40-70.से.मी.	नीचे स्तर की	नीचे स्तर की	40	13	0	आधी बाली आते समय
		135-145/45 से.मी.	नीचे स्तर की	मध्यम	90	13	0	
	800-1000	140-270/90 .से.मी.	नीचे स्तर की	मध्यम	80	17	0	नाईट्रोजन दो भागों में— 1/2 बोते समय
रागी	800-1000	180-200/90 से.मी.	नीचे स्तर की	नीचे स्तर की	50	22	25	और 1/2 बोने के तीन सप्ताह बाद
	1400-1600	180-200/90 से.मी.	नीचे स्तर की	मध्यम	40	8	20	
मक्का	800-1000	180-200/90 से.मी.	नीचे	नीचे	75	22	25	नाईट्रोजन दो भागों में
	1000-1200	90-100/मीटर	नीचे	मध्यम	40	9	10	एक बोते समय और
		110-140/मीटर	नीचे	मध्यम	80	18	20	दूसरी फूलन (tasselling)

अपलैंड धान	1000-1200	145-270/90 से.मी.	नीचे	मध्यम	40	18	0	आने पर। आधा बोते समय और शेष सिट्टा
	1400-1600	180-200/90 से.मी.	नीचे	मध्यम	60	18	0	निकलने से पहले।
ग्वार/मोठ	300-400	80-90/90 से.मी.	नीचे	मध्यम	0	13	0	सब बोते समय
कुल्थी, मूँग, उड़द, लोभिया, अरहर	400-600	145-270/90 से.मी.	नीचे	नीचे से मध्यम	20	13	0	सब बोते समय

नीचे स्तर एन = 280 किलोग्राम प्रति है. से कम : फास्फोरस =10 किलोग्राम से कम मध्यम एन = 280-560 कि./है. : फास्फोरस = 10-20 किलो प्रति है.

तालिका – 10.9.1 : शुष्क फसलों को उर्वरक देने से लाभ

फसल	केन्द्र	उर्वरक (पोषक तत्वों) की मात्रा (कि.प्रति है.)	पैदावार (किवं / है.)	सम्पूर्ण लाभ (रुपये)	खर्चा (रुपये)	खर्चे के ऊपर शुद्ध लाभ	
						रु./है.	रु./एक रुपया खर्च करने पर
बाजरा	नागौर	40 एन + 20 पी $_2$ O5	8.14	1180	495	685	1.38
		वगैर उर्वरक के	3.89	586	210	376	1.79
ज्वार	अकोला	60 एन	26.60	3305	1569	1736	1.11

		30 एन	17.72	2193	1178	1015	0.86
	हैदराबाद	40 एन + 30 पी$_2$O5	13.31	1370	589	781	1.33
		वगैर उर्वरक के	2.03	320	383	–63	0.16
	बेलारी	30 एन + 30 पी$_2$O5	7.84	1354	588	766	1.30
		वगैर उर्वरक के	4.17	604	241	363	1.51
तिल	जोधपुर	30 एन + 30 पी	7.61	2651	829	1822	2.20
		वगैर उर्वरक के	6.59	2295	514	1781	3.46
रागी	बैंगलोर	45 एन + 30 पी$_2$O5 +10 गाडी FYM	19.78	2659	1545	1114	0.72
		30 एन + 20 पी 2 O5 +28 गाडी FYM	15.12	2100	1401	699	0.50
गेहूँ	वाराणसी	40 एन	19.55	2961	1032	1929	1.87
		बगैर उर्वरक के	9.44	1380	505	876	1.73
चना	वाराणसी	10 एन + 20 पी$_2$O5	12.10	2786	887	1899	2.14
		वगैर उर्वरक के	5.68	1160	474	686	1.45

अध्याय— 11

बारानी फसलों में खरपतवार नियंत्रण व निराई-गुड़ाई

यह देखने में आया है कि बारानी क्षेत्रों में फसलों की कम पैदावार होने का एक मुख्य कारण खेत में अधिक खरपतवार होना है । इन क्षेत्रों में उचित खरपतवार नियंत्रण शायद ही कहीं होता हो । खरपतवारों को फसलों के साथ-साथ उगने दिया जाता है, जिससे कि ये चारे के काम में लाये जा सकें । हाल ही में खरपतवार समस्या और भी जटिल हो गयी है, क्योंकि उन्नतशील प्रोद्योगिकी के कारण भूमि उर्वरता बढ़ी है, फसलों की बौनी किस्मों का आगमन हुआ है, और जल संरक्षणता में कुछ उन्नति हुई है । दक्षिणी भारत में तो जहाँ भारी काली चिकनी मिट्टी वाली मृदायें पाई जाती हैं वहाँ फसलों के अन्तर्गत क्षेत्रफल कम हो गया है क्योंकि वर्षा ऋतु में खरपतवार नियंत्रण नहीं हो पाता ।

अखिल भारतीय बारानी खेती अनुसंधान केन्द्रों पर खरपतवार और उनके नियंत्रण सम्बन्धी जानकारी ली गयी । तीन केन्द्रों (आनन्द, भुवनेश्वर, हैदराबाद) ने किसानों के खेतों में पाये जाने वाले मुख्य खरपतवारों के पौधों का सर्वेक्षण किया । गुजरात में केरा जिले में 175 खरपतवार पौधों की किस्में मिली । आन्ध्र प्रदेश तथा उड़ीसा प्रान्तों में 10-15 खरपतवार पौधों की जातियाँ पायी गयीं । आम तौर पर धान, मक्का, मोटे अनाज और ज्वार की फसलों में घास के परिवार के खरपतवार मिले । दलहन और सब्जियों वाली फसलों में चौड़ी पत्ती वाले खरपतवार पाये गये ।

1. खरपतवारों से हानि—

खरपतवार पौधों की बढ़वार में रुकावट डालते हैं और पौधों के पोषक तत्वों का, भूमि नमी का, और सूर्य की गर्मी का प्रयोग करते हैं जिससे कि फसलों की पैदावार घट जाती है । यह देखने में आया है कि भारत के खरपतवार 27 प्रतिशत तक फसलों की पैदावार को हानि पहुँचाते हैं । शुष्क खेती के अनुसंधान केन्द्रों पर खरपतवार द्वारा फसलों की पैदावार की हानि का आकलन किया गया जो तालिका 11.1 में अंकित है ।

आम तौर पर खरपतवार फसलों के मुकाबले दुगुनी नाइट्रोजन और कैल्शियम और 25 प्रतिशत अधिक पोटाश भूमि से लेते हैं । देहरादून केन्द्र पर एलाक्लोर देने से अल्प और दीर्घ-अवधि वाली फसलों पर भूमि से लिये गये तत्वों पर प्रभाव देखा गया । यह आँकड़े तालिका 11.2 में दिये गये हैं ।

अनुसंधान द्वारा यह ज्ञात हुआ है कि उतना ही शुष्क पदार्थ पैदा करने के लिये

खरपतवार फ़सलों के मुकाबले कहीं अधिक वाष्पोत्सर्जन करते हैं । विदेशों में किये गये परीक्षणों से पता चला है कि खरपतवार एक हजार किग्रा. प्रति. है. शुष्क पदार्थ पैदा करने के लिये 30 से 35 किलोग्राम नाइट्रोजन और 8-10 सेन्टीमीटर पानी भूमि से लेते हैं ।

2. खरपतवार नियंत्रण का समय–

उचित समय पर खरपतवार नियंत्रण करने से ही पूरा लाभ मिलता है । फसलों और खरपतवारों के मध्य में एक ऐसा समय आता है जबकि खरपतवार नियंत्रण उससे पहले व बाद में करने से फसल की पैदावार को कोई हानि नहीं पहुँचती । भिन्न-भिन्न फसलों में यह समय भिन्न-भिन्न होता है । करीब-करीब सभी फसलों में खरपतवार नियंत्रण फसल बोने के 4 से 6 सप्ताह के अन्दर ही कर देना चाहिये । सभी फसलें अपनी अवस्था के एक-चौथाई से एक-तिहाई समय में बगैर खरपतवार के रहनी चाहियें । अनुसंधान द्वारा यह पता लगाया गया है कि अच्छी पैदावार के लिये जल्दी ही खरपतवार नियंत्रण कर देना चाहिये और बहुत सी शुष्क फसलों के लिये यह समय बुवाई के 20-30 दिन बाद तक का है । विभिन्न फसलों के लिये खरपतवार नियंत्रण का अति महत्वपूर्ण समय और खरपतवार नियंत्रण न करने से हानि तालिका 11.3 में दिखाई गई है ।

3. यांत्रिक एवम् कर्षण क्रियाओं द्वारा खरपतवारों का नियंत्रण–

भू-परिष्करण खरपतवारों के नियंत्रण के लिये और भूमि में अधिक जल संरक्षण के लिये किया जाता है । कई शुष्क खेती अनुसंधान केन्द्रों पर ऐसे परीक्षण किये गये हैं जिनके द्वारा विभिन्न हाथ, बैलों और ट्रेक्टर से चलाये जाने वाले औजारों को खरपतवार नियंत्रण के लिये जाँचा गया और उनकी कार्य-कुशलता और उनकी आर्थिक रूप से जाँच की गयी । लुधियाना में किये गये परीक्षणों से ज्ञात हुआ कि मक्का की लाइनों के बीच में देशी खुरपी से खरपतवार नियंत्रण करने से उतनी ही पैदावार मिली जितनी कि एट्रेजीन के प्रयोग से । यह तालिका 11.4 से भलीभाँति विदित हो जाता है ।

हिसार केन्द्र ने एक नया हस्तचालित 'हो' (Hoe) निकाला है जिससे कि खरपतवार नियंत्रण में समय और खर्चा 66 से 75 प्रतिशत कम हो जाता है । इसके अतिरिक्त एक यंत्र फसल की शुरू की अवस्था में प्रयोग किया जा सकता है जिससे कि खरपतवारों द्वारा फसल की हानि को रोका जा सकता है । हैदराबाद में गुन्टका में कुछ मामूली परिवर्तन करके खरपतवार नियंत्रण समय को 50-60 प्रतिशत तक बचाया जा सकता है । उसी यंत्र में ऊँचाई की व्यवस्था करके खरपतवार नियंत्रण समय को सात सप्ताह तक बचाया जा सकता है । कुछ केन्द्रों पर 'स्वीप्स' (Sweeps) विकसित की गयी हैं । इस यंत्र से न केवल पंक्तियों के बीच में खरपतवार नियंत्रण किया जा सकता है वरन् पौधों की पंक्तियों पर मिट्टी चढ़ाई जा सकती है जिसके फलस्वरूप पौधों के बीच में उगे हुए खरपतवार मिट्टी में दब कर मर जाते हैं ।

फसलों के मौसम से बाहर भू-परिष्करण (Off-season tillage) करने से खरपतवारों

का नियंत्रण होता है (तालिका-11.5)। पैदावार में बढ़ोतरी के अतिरिक्त वर्षा के पानी का भी अधिक अन्त:स्पंदन होता है । (तालिका 11.6)

4. रासायनिक खरपतवार नियंत्रण–

भारत में रासायनिक खरपतवार नियंत्रण अभी इतना प्रचलित नहीं हुआ है जितना कि विदेशों में । इसके मुख्य कारण हैं—फार्म मजदूरों की कम वेतन पर उपलब्धि, शाकनाशी का आसानी से न मिलना, शाकनाशी की ज्यादा कीमत होना । इसके अतिरिक्त बारानी क्षेत्रों में अधिकतर मिश्रित फसलें बोई जाती हैं जिनके लिये अभी तक उपयोगी रासायनिक खरपतवार नियंत्रण नहीं मिले हैं । फिर भी आने वाले समय में रासायनिक खरपतवार नियंत्रण लाभप्रद साबित हो सकता है । कुछ ऐसी परिस्थितियाँ जहाँ भूमि अधिक हो और भूमि में ज्यादा नमी हो वहाँ अन्य विधियों की तुलना में रासायनिक विधि उपयुक्त है । मजदूरों की अब उपलब्धता में तथा ऐसे समय में जब मजदूरों की ज्यादा आवश्यकता हो उस परिस्थिति में रासायनिक खरपतवार नियंत्रण लाभप्रद है । शुष्क क्षेत्रों में रासायनिक शाकनाशी को देने की एक नई विधि निकाली गयी है जिससे कि रासायनिक शाकनाशी को फसल की बोई गयी पंक्ति के ऊपर रख दिया जाता है ताकि पौधों के बीच के खरपतवारों का तथा पंक्तियों के बीच के खरपतवारों का नियंत्रण हो सके । पंक्तियों के बीच के खरपतवार 'खुरपी' या 'हो' द्वारा नियंत्रण में लाये जा सकते हैं । इस विधि से 60 प्रतिशत तक रासायनिक शाकनाशी की मात्रा में कमी हो सकती है ।

विभिन्न शुष्क केन्द्रों पर किये गये परीक्षणों से रासायनिक शाकनाशी की जो मात्रा व विधि उचित साबित हुई है, वह तालिका 11.7 में दी गयी है ।

5. विशेष खरपतवार समस्याएँ

मोथा (*Cyperus rotundus*), दूब (*Cynodon dactylon*) और स्ट्राइगा (*Striga spp.*) कुछ ऐसे खरपतवार हैं जिनका नियंत्रण कठिन पाया गया है । मोथा के नियंत्रण के लिये ग्लाईफोसेट (Glyphosate) एकमात्र रासायनिक शाकनाशी है जिसको 2 क्रिग्रा/हैक्टर खरीफ में जब खेत खाली हो और खरपतवारों की ऊँचाई 10-15 से.मी. हो, छिड़क कर नियंत्रण किया जा सकता है । दूब के नियंत्रण के लिये गहरी जुताई लाभप्रद सिद्ध हुई है । हैदराबाद में किये गये परीक्षणों से विदित हुआ है कि 2, 4-डी को 2 किग्रा प्रति हैक्टेर ज्वार फसल बोने के चार सप्ताह बाद छिड़कने से स्ट्राइगा का नियंत्रण बहुत कुछ हद तक किया जा सका और फसल की पैदावार में भी वृद्धि हुई । स्ट्राइगा नियंत्रण का एक और सरल उपाय यह है कि ज्वार के बजाय बाजरा लिया जाय और अगर ज्वार ही लेनी हो तो ज्वार और अरहर की मिश्रित फसलें उगायी जायें ।

6. एकीकृत खरपतवार नियंत्रण–

मक्का पर देहरादून में किये गये परीक्षणों से यह विदित हुआ है कि सिमेजिन (Simazine) की खरपतवार नियंत्रण की कार्य-कुशलता भू-परिष्करण द्वारा 23 प्रतिशत बढ़ाई

जा सकती है । रासायनिक शाकनाशी और भू-परिष्करण दोनों को मिलाने से मक्का की पैदावार 30 प्रतिशत बढ़ गई और पोषक तत्वों की हानि 30 से 40 प्रतिशत तक कम हो गई ।

शोलापुर में 3 क्रिगा. प्रति हैक्टेयर प्रोपनिल (Propanil) फसल के जमाव से पहले दिये जाने पर और एक हाथ से निराई करने से मूँगफली की पैदावार महत्वपूर्ण तौर पर बढ़ गयी । (तालिका 11.8)

7. मुख्य बारानी फसलों में खरपतवार नियंत्रण—

ज्वारः— इस फसल के लिये कम से कम दो हाथ द्वारा निराई—एक पौधों में छंटनी करते समय और दूसरी बोने से 35-45 दिनों के अन्दर करनी आवश्यक है । लाइनों में बोई गई फसल में किसान अधिकतर बैलों से चलाये जाने वाला ब्लेड हैरो प्रयोग में लाते हैं । इस फसल पर हैदराबाद, झाँसी, अकोला, बेलारी और कोवलपट्टी केन्द्रों पर खरपतवार नियंत्रण सम्बन्धी परीक्षण किये गये । बहुत से केन्द्रों में 1.0 किलोग्राम एट्रेजीन ए.आई. (एक्टिव इन्ग्रडियेन्ट) बोने के बाद और उगने से पहले, देना सबसे उत्तम साबित हुआ । एट्रेजीन 0.3 किलो प्रति हैक्टेयर ए.आई. (पट्टी) (Band) में देना और उसके साथ दो ब्लैड हैरोईंग (Blade harrowing) करना उतना ही लाभप्रद सिद्ध हुआ जितना कि केवल 1.0 किलो एट्रेजीन देना ।

बाजराः—इस फसल पर परीक्षण शोलापुर, अनन्तपुर और आगरे में किये गये । 0.75 से 1.0 किलो एट्रेजीन ए.आई. प्रति हैक्टेयर बीज बोने के बाद और बीज उगने से पहले देना अधिक लाभप्रद सिद्ध हुआ ।

मक्काः—मक्का की फसल पहले 3-4 सप्ताहों में धीरे बढ़ने के कारण खरपतवारों के प्रति अधिक सचेतक है । ठीक समय पर खरपतवार नियंत्रण न करने से 40 से 60 प्रतिशत तक पैदावार में हानि होती है । इस फसल पर देहरादून, जम्मू, उदयपुर और बैंगलोर केन्द्रों पर अनुसंधान किये गये । 2.0 किलो प्रति हैक्टेयर एट्रेजीन ए.आई. या सिमेजीन, या तो बोने से पहले और भूमि में मिला कर या बोने के बाद और बीज उगने से पहले, देने से खरपतवार नियंत्रण में अधिक प्रभावशाली सिद्ध हुआ । जिन क्षेत्रों में अधिक वर्षा होती है वहाँ शाकनाशी बोने से पहले ही देना ठीक है ।

रागीः— इस फसल पर बैंगलोर और भुवनेश्वर केन्द्रों पर परीक्षण किये गये । बैंगलोर पर किये गये परीक्षणों से पता चला कि नेबूरोन (Neburon) और प्रोमेट्रीन (Prometryne) केवल दो ऐसे शाकनाशी हैं जिन्हें 1.0 किलोग्राम प्रति हैक्टेयर (ए.आई.) की दर से, फसल बोने के बाद और बीज उगने से पहले, देने से खरपतवारों पर नियंत्रण पाया जा सकता है ।

धानः— बगैर सिंचाई वाले धान में खरपतवारों की समस्या भयंकर रूप से दिखाई देती है । खास तौर से एकीनोक्लोआ (Echinochloa colonum) जैसे घास वाले खरपतवारों की ।

इन खरपतवारों के पौधों में और धान के पौधों में अन्तर नहीं पहचाना जा सकता है । चार केन्द्रों पर— वाराणसी, देहरादून, रीवा और राँची, खरपतवार नियंत्रण सम्बन्धी परीक्षण किये गये । देहरादून पर सबसे अधिक लाभ बूटाक्लोर के दानें (Butachlor granules) 2.0 किलोग्राम प्रति हैक्टेयर (ए.आई.) की मात्रा में देने से और उसके साथ-साथ एक हाथ से निराई करने से मिला । वाराणसी में प्रोपेनिल अच्छा साबित हुआ ।

कपासः— कपास की फसल खरपतवारों के प्रति अधिक सचेतक है, विशेषकर जब भूमि की उर्वरता कम हो और भूमि-पानी कम हो । खरपतवारों द्वारा 45 से 80 प्रतिशत तक हानि हो सकती है ।

इस फसल पर आनन्द, राजकोट और कोविलपट्टी केन्द्रों पर परीक्षण किये गये । नाईट्रोफिन एक मात्र शाकनाशक सिद्ध हुआ ।

मूँगफलीः— मूँगफली की फसल भी खरपतवारों के प्रति अधिक सचेतक है । परीक्षणों से पता चला है कि अधिक भरोसेमन्द खरपतवार नियंत्रण शाकनाशी और उत्कर्ष क्रियाओं के समन्वय से किया जा सकता है । इस फसल पर बैंगलोर और शोलापुर केन्द्रों पर परीक्षण किये गये । दोनों शाकनाशी, त्रिफ़्लुरैलिन (Trifluralin) और डाइनाइट्रेमिन (Dinitramine) मूँगफली के छोटे पौधों के लिये हानिकारक सिद्ध हुए, यद्यपि वे पौधे बाद में पनप गये । इन दोनों शाकनाशी को देने से मूँगफली पर टिका की बीमारी का प्रकोप कम हो गया ।

सोयाबीनः— इस फसल पर केवल देहरादून केन्द्र पर परीक्षण हुए हैं । दो से तीन किलोग्राम एलाक्लोर (Alachlor) प्रति हैक्टेयर (ए.आई.) देने से खरपतवारों पर नियंत्रण किया जा सका । बोने से पहले फ्लूक्लोरिलिन (Fluchloralin) 1.0 किलो प्रति हैक्टेयर की मात्रा में देने से भी दीर्घकालीन नियंत्रण हो सका ।

अरहरः—रासायनिक शाकनाशी जैसे पैन्डीमैथेलिन (Pendimethalin), एलाक्लोर (Alachlor) और फ्लूक्लोरिलिन (Fluchloralin) प्रयोग करने से खरपतवारों पर नियंत्रण पाया जा सकता है ।

अरन्डीः— इस फसल पर भी उपरोक्त (अरहर वाले) रासायनिक शाकनाशी प्रभावशाली सिंद्ध हुए ।

मूँग और उड़दः— दो निराई, फसल बोने के 35 दिनों के अन्दर, प्रभावशाली सिद्ध हुई ।

सूरजमुखी और कुसुमः— बोने से 60 दिन तक फसल का खरपतवार रहित होना आवश्यक है । इन फसलों के लिये पैन्डीमैथेलिन, एलाक्लोर, और फ्लूक्लोरिलिन शाकनाशक प्रभावशाली साबित हुए ।

गेहूँः— इस फसल पर जम्मू, देहरादून और लुधियाना केन्द्रों पर परीक्षण किये गये । ज्यादा ध्यान Avena और Phalasis species के खरपतवारों पर दिया गया । 2, 4-डी एक अच्छा रासायनिक शाकनाशी साबित हुआ है । आईसोप्रोटीरोन (Isoprotiron), मेटाजूरोन

(Metazuron), मैथाबैन्सधायाजूरोन (Methabenthizuron) भी खरपतवार नियंत्रण में प्रभावशाली साबित हुए हैं ।

8. फसल पद्धतियों में खरतपवार नियंत्रण—

मिश्रित बोई गई फसलों में खरपतवार नियंत्रण कठिन है । हैदराबाद में किये गये परीक्षणों से पता चला है कि मिश्रित फसलों में खरपतवारों का 50 से 75 प्रतिशत तक कम प्रकोप होता है । ज्वार+अरहर, ज्वार+लोभिया, ज्वार+मूँग मिश्रित पद्धतियों में केवल एक निराई करना पर्याप्त होता है । ज्वार+अरहर मिश्रित पद्धतियों में एमेट्रीन (Ametryne), प्रोमेट्रीन (Prometryne) और टरबूट्रीन (Terbutryn) शाकनाशक आशाजनक सिद्ध हुए हैं।

हेर-फेर वाली फसल पद्धतियों में खरपतवार नियंत्रण की समस्यायें मिश्रित फसल पद्धतियों से भिन्न हैं । उचित खरपतवार नियंत्रण कुछ महत्वपूर्ण सस्य क्रियाओं पर जैसे फसल को शीघ्र स्थापित करने पर, जुताई के समय और विधि पर, बिजाई और कटाई की विधि पर, फसल चक्र पर और फसल की कटाई और दूसरी फसल की बिजाई के मध्यकालीन समय पर निर्भर करेगा ।

कपास-ज्वार-रागी हेर फेर फसल पद्धति में न्यूनतम जुताई करने से यह देखने में आया कि खरपतवारों का सूखा-भार बढ़ गया । फसलों की बुआई और बीजों के अंकुरण से रासायनिक शाकनाशी प्रयोग करने से और देर से खरपतवार नियंत्रण करने से खरपतवारों पर उचित नियंत्रण पाया जा सका ।

गर्मी के मौसम में जुताई करने से खरपतवारों पर नियंत्रण करने के अलावा भूमि में अधिक जल संरक्षण किया जा सकता है ।

तालिका — **11.1** : खरपतवारों द्वारा विभिन्न शुष्क केन्द्रों पर फसलों को हानि —1972-1981

केन्द्र का नाम	फसल	फसलों की पैदावार (किग्रा/है.)		
		खरपतवारों के नियन्त्रण से	बगैर नियन्त्रण के	प्रतिशत फसल की हानि
देहरादून	धान	3370	710	79
वाराणसी	धान	2700	1700	37
आगरा	बाजरा	1520	680	55
देहरादून	मक्का	4600	1760	62
हैदराबाद	ज्वार	3740	1500	60
शोलापुर	बाजरा	950	180	81
रीवा	धान	2700	1660	39
देहरादून	सोयाबीन	1840	920	50
बैंगलोर	मूँगफली	1910	420	78
बैंगलोर	रागी	2720	1500	45

उपरोक्त तालिका में दिये गये आँकड़ों के अनुसार वाराणसी में धान की फसल में 37 प्रतिशत और शोलापुर में बाजरे की फसल में 81 प्रतिशत तक खरपतवार नियंत्रण न करने से फसल की पैदावार को हानि पहुँची।

तालिका – **11.2** : खरपतवार से सोयाबीन और अरहर की फसल में पौधों के पोषण तत्वों का ह्रास

उपचार	औसत पोषक तत्वों का भूमि से अवशोषण किग्रा प्रति है.					
	अल्प अवधि वाली फसल (सोयाबीन)			दीर्घ अवधि वाली फसल (अरहर)		
	एन	पी	के	एन	पी	के
1. बिना नियंत्रण के	9.6	7.9	5.1	28.4	23.7	14.2
2. हाथ द्वारा नियंत्रण	8.2	7.0	1.2	20.5	17.1	10.2
3. एलाक्लोर (0.5 ली./है.)	—	—	—	20.0	16.7	10.0
4. एलाक्लोर (1.00 ली./है.)	4.4	3.4	2.3	16.1	14.1	8.5
5. एलाक्लोर (2.00 ली./है.)	2.8	2.6	1.6	13.5	11.2	6.7
6. एलाक्लोर (3.00 ली./ है.)	3.0	2.0	1.4	9.1	7.5	4.5

नोट :– एन—नाईट्रोजन, पी-फॉस्फोरस, के—पोटाश

उपरोक्त आँकड़ों से यह विदित हो जाता है कि खरपतवार के बिना नियन्त्रण के मुकाबले 3 ली. प्रति हैक्टेयर एलाक्लोर देने से 20 किग्रा. नाइट्रोजन, 15 कि.ग्रा. फॉस्फोरस और 10 कि. ग्रा. पोटेशियम की बचत की जा सकती है।

तालिका – **11.3** : फसलों तथा खरपतवारों के बीच प्रतियोगिता का अति महत्वपूर्ण समय और पैदावार में हानि

फसल	अति महत्वपूर्ण समय	प्रतिशत हानि	टिप्पणी
धान	10-40 दिन बोने के बाद	60-80	औसतन
मक्का	15-40 "	40-60	खरपतवारों द्वारा हानि।
ज्वार और मोटे अनाज	15-35 "	30-40	फसल की पैदावार में हानि
कपास	30-60 "	45-85	खरपतवारों की किस्मों और अन्य कारकों पर निर्भर करेगी।

मूँगफली	25-55	”	55-70 (सीधी बढ़ने वाली) 20-25 (फैलने वाली)
सूरजमुखी और कुसुम	30-60	”	30-50
अरण्डी	30-60	”	35-40
तिल	15-30	”	45-50
सोयाबीन	20-45	”	25-35
मूँग	20-45	”	50-55
अरहर	25-60	”	40-60
उड़द	25-35	”	45-50

तालिका – **11.4 :** लाइनों के बीच की गयी क्रियाओं की कार्य-कुशलता और खर्चा और पैदावार पर प्रभाव

खरपतवार नियन्त्रण विधि	मक्का के दानों की पैदावार (किग्रा/है.)	फसल काटते समय खरपतवारों का ताजा भार (किग्रा/है.)	क्रिया का खर्चा (रुपये प्रति है.)
खुर्पो	18.5	35.2	252
ब्लैड हैरो	12.8	55.1	104
त्रिफाली (तीन फाली वाली)	14.9	53.3	100
एट्रेजीन 2 किलो प्रति है. (बीज बोने से पहले)	18.7	0.9	178

तालिका – **11.5** : भू-परिष्करण का खरपतवारों के वजन पर प्रभाव (हैदराबाद की लाल मृदा)

उपचार	बुवाई से पहले खरपतवार (किग्रा / है.)	प्रथम अन्त:कर्षण क्रिया से पहले खरपतवार (किग्रा/है.)
1. कटाई बाद भू-परिष्करण	0	2.24
2. ग्रीष्मकाल भू-परिष्करण	0	2.33
3. वर्षा से पूर्व भू-परिष्करण	0	2.54
4. ट्रैक्टर द्वारा भू-परिष्करण	0	3.16
5. सीधे बुआई	2.78	6.16

तालिका – **11.7** : विभिन्न फसलों में रासायनिक शाकनाशी खरपतवार नियन्त्रण (मात्रा व देने की विधि)

फसल	स्थित	शाकनाशी	मात्रा (किग्रा / है.)	देने की विधि
ज्वार	बहुत से क्षेत्रों के लिये	एट्रेजिन	1.0–2.0	बीज उगने से पहले
		2, 4-डी	0.5–2.0	बीज उगने के उपरान्त
बाजरा	बहुत से क्षेत्रों के लिये	2, 4-डी	0.5–1.0	बीज उगने के उपरान्त
		एट्राजीन	0.75–1.0	बीज उगने से पहले
धान	उत्तरी क्षेत्र के लिये	बुटाक्लोर	1.0–2.0	बोने से पहले मिट्टी में मिला कर
		बुटाक्लोर	2.0–4.0	बीज उगने से पहले
		एलाक्लोर	2.0–2.5	बीज उगने से पहले
		प्रोपेनिल	2.7–3.5	बीज उगने के उपरान्त
सोयाबीन	उत्तरी क्षेत्र के लिये	ट्राईफ्लुरेलिन	1.0	बोने से पहले मिट्टी में मिला कर
		एलाक्लोर	2.0–3.0	बीज उगने से पहले
मूँगफली	मध्य प्रदेश	एलाक्लोर	2.0	बीज उगने से पहले
		नाट्रोफिन	1.0–2.0	बीज उगने से पहले
अरन्डी	मध्य प्रदेश	ट्राईफ्लुरेलिन	1.0	बोने से पहले मिट्टी में मिला कर
ग्वार	उत्तर पश्चिम क्षेत्र	ट्राईफ्लुरेलिन	1.0	बोने से पहले मिट्टी में मिला कर
		एलाक्लोर	1.5	बीज उगने से पहले
मूँग	उत्तर पश्चिम क्षेत्र	ट्राईफ्लुरेलिन	1.0	बोने से पहले मिट्टी में मिला कर
उड़द	मध्य क्षेत्र के लिए	एलाक्लोर	2.0	बीज उगने से पहले
मक्का	बहुत से क्षेत्रों के लिए	एट्रेजिन	1.0–2.0	बीज उगने से पहले
		एट्रेजिन	1.0	बीज उगने के उपरान्त
		सिमेजिन	2.0	बीज उगने से पहले
		एलाक्लोर	2.0	बीज उगने से पहले
		2, 4-डी	1.0	बीज उगने के उपरान्त
अरहर	बहुत से क्षेत्रों के लिए	एलाक्लोर	2.0–3.0	बीज उगने से पहले

तालिका – **11.6** : फसलों के समय से बाहर की गई भू-परिष्करण का ज्वार की पैदावार पर प्रभाव

पद्धति	पैदावार (किग्रा / है.)		
	1977	1978	1979
1. कोई मौसम से बाहर जुताई नहीं (Control)	1950	934	1502
2. मौसम से बाहर जुताई	2430	1336	1965
3. वर्षा (मि.मी.) फसल के दौरान	595	391	508
4. नियन्त्रण से ऊपर प्रतिशत बढ़ोतरी	24	43	31

तालिका – **11.8** : शाकनाशी और भू-परिष्करण का मूँगफली की पैदावार पर प्रभाव

शाकनाशी उपचार	भू-परिष्करण उपचार	मूँगफली की पैदावार (किलो प्रति है.)
—	हाथ द्वारा निराई	470
—	लाइनों के बीच गुड़ाई	560
एलाक्लोर 3 कि. प्रति है. (पी. ई.)	—	560
एलाक्लोर 3 कि.प्रति है. (पी.ई.)	+ हो द्वारा निराई-गुड़ाई	600
एलाक्लोर 3 कि.प्रति है. (पी.ई.)	+ हाथ द्वारा निराई	690
प्रोपेनिल 3 कि.प्रति है. (पी.ई.)	—	420
प्रोपेनिल 3 कि.प्रति है. (पी.ई.)	+ हो द्वारा निराई-गुड़ाई	620
प्रोपेनिल 3 कि.प्रति है. (पी.ई.)	+ हाथ द्वारा निराई	760

नोट : पी. ई. = Pre- emergence (फसल बोने के बाद और बीज उगने से पहले)

अध्याय – 12

जल का संचयन व पुनः उपयोग

1. वर्षा और अपधाव :–

भारत के शुष्क और अर्ध-शुष्क क्षेत्रों में यद्यपि वर्षा कम और भरोसे वाली नहीं होती, फिर भी वर्षा के मौसम में कुछ ऐसे अवसर आते हैं जब वर्षा बहुत गति से आती है। ऐसी अवस्था में वर्षा के पानी का अपधाव होना स्वाभाविक है।

हर मृदा की अपनी अनुविद्ध क्षमता होती है। वह क्षमता पूरी हो जाने के बाद वर्षा का शेष पानी अपधाव के रूप में बह जाता है। यह अपधाव भूमि के निचले स्थल पर जमा हो जाता है। इस पानी को जानवरों के पीने, मछली पालने, और फसलों की सिंचाई करने के काम में लिया जा सकता है।

यह प्रश्न अक्सर उठाया गया है कि जल का संचयन करने के लिये कम से कम वर्षा कितनी हो ताकि संचयन भलीभांति हो सके ? इसराईल जैसे देश में तो केवल 50-80 मिलीमीटर वार्षिक वर्षा वाले क्षेत्रों से जल का संचयन सुचारू रूप से किया जा सका। जल संचयन की मात्रा न केवल वर्षा पर अपितु कई कारकों पर निर्भर करती है जिनका वर्णन किया जायेगा।

केन्द्रीय मरु अनुसंधान संस्थान, जोधपुर में 1976 से 1979 के दौरान किये गये परीक्षणों से ज्ञात हुआ कि मौसम की वर्षा का 15.8 से लेकर 28 प्रतिशत तक अपधाव होता है। कुल वर्षा के दिनों में से, 45 से 62 प्रतिशत दिन ऐसे थे जिनमें अपधाव हुआ। (तालिका 12.1)

अपधाव कई कारकों पर निर्भर करता है जैसे वर्षा की प्रचण्डता और अवधि, तलरूप, भूमि की विशेषताओं और फसल आवरण। अपधाव हैदराबाद की भारी काली चिकनी मिट्टी, वरटीसोल (Vertisol) पर नापा गया। आम तौर पर अपधाव आर्तव वर्षा की कुल मात्रा का 10 से 20 प्रतिशत था। बीस प्रतिशत से अधिक अपधाव केवल उन परिस्थितियों में हुआ जब वर्षा में खेत खाली थे। इक्रीसेट (ICRISAT) के दो जल गृह क्षेत्रों पर वर्षा और अपधाव को 7 साल तक नापा गया, जिसके आंकड़े तालिका 12.2 में दिये गये हैं।

2. अपधाव संचयन की प्रणालियाँ:–

अपधाव संचयन की दो प्रमुख प्रणालियाँ हैं :

1. अणु-जल गृह क्षेत्र संचयन व्यवस्था
2. अपधाव खेती संचयन व्यवस्था

अणु-जल गृह संचयन व्यवस्था में एक जल देने वाला और दूसरा उसके साथ लगा (100 मीटर फासले से कम) एक जल प्राप्त करने वाला क्षेत्र होता है जिसमें पौधों के उपयोग के लिये पानी इकट्ठा किया जाता है। जल प्राप्त करने वाले क्षेत्र में एक पेड़, झाड़ी और लाइन में उगाई गई फसल भी हो सकती है। यह कई प्रकार का हो सकता है। जल गृह क्षेत्र जितना छोटा होगा उतना ही उससे अपधाव प्रतिशत मात्रा अधिक प्राप्त होगी। छोटे जल गृह क्षेत्रों से वार्षिक वर्षा का 10-15 प्रतिशत अपधाव के रूप में प्राप्त हो सकता है। जल गृह क्षेत्र के रूपांकन में अनुदान देने (सी.ए.) और अनुदान प्राप्त करने वाले (आई.ए.) क्षेत्र का महत्वपूर्ण अनुपात है जो जलवायु, भूमि अवस्था, और फसल की पानी की माँग पर निर्भर करता है। बहुत से परीक्षणों में यह अनुपात 1:1 व 6:1 के बीच रखा गया।

अपधाव खेती संचयन व्यवस्था वह है जिसमें अपधाव एक जल गृह क्षेत्र से नालियों, बाँध या व्यपर्वतन द्वारा प्राप्त करके एक सतह पर बने आशय में इकट्ठा किया जाता है या खेती किये जाने वाले क्षेत्र में सीधे पौधों के उपयोग के लिये काम में लाया जाता है। यह आशय में इकट्ठा किया हुआ पानी जानवरों के पीने या फसलों की सिंचाई के काम में लाया जाता है।

शुष्क क्षेत्रों में वर्षा की कमी के कारण फसलें नष्ट हो जाती हैं। अन्तरा-भू-खण्ड और अन्तरा पंक्ति विधियों द्वारा फसल पैदा करने के लिये अपधाव बढ़ाया जा सकता है और फसलों को फेल होने से बचाया जा सकता है। जोधपुर में किये गये परीक्षण, जिनके परिणाम तालिका 12.3 और 12.4 में दिये गये हैं, इस ओर संकेत करते हैं।

3. फार्म तालाब का अधिष्ठापन:—

फार्म तालाब का अधिष्ठापन करने से पहले जल गृह क्षेत्र का सर्वेक्षण करना आवश्यक है। जल गृह क्षेत्र अगर बहुत छोटा हुआ तो उससे पर्याप्त मात्रा में अपधाव प्राप्त नहीं होगा और तालाब पर किया गया खर्चा व्यर्थ जायेगा। जल-गृह क्षेत्र बहुत बड़ा होने से तालाब में सादवरण होने की संभावना रहेगी।

जलगृह क्षेत्र से अपधाव मिलने की मात्रा निम्नलिखित कारकों पर निर्भर करेगी—

1. वर्षा (वर्षा गति, वर्षा की स्थिरता, वर्षा विभाजन और वर्षा से प्राप्त अपधाव के अवसर)
2. भूमि की प्राकृतिक दशा (ढलान की मात्रा और लम्बाई, जल गृह क्षेत्र पर गड्ढों की संख्या)
3. भूमि के प्रकार (मृदा-निपावन, पूर्व गामी भूमि-जल, मृदा-वयन, मृदा संरचना और मृदा-अपक्षरण)
4. भूमि उपयोग प्रतिरूप।

फार्म तालाब का अधिष्ठापन हमेशा नीची-स्थित भूमि पर किया जाता है जहाँ वर्षा का पानी जल गृह क्षेत्र से आसानी से बहकर आ जाए। भूमि जिस पर अधिष्ठापन करना हो वह

भारी चिकनी मिट्टी वाली हो, या भूगि के नीचे कुछ सतह (4-5 मीटर) पर ठोस चट्टानें हों, जो इकट्ठे किये गये पानी को कुछ समय तक रोक सकें। तालाब कभी भी जम्बशिला-मृदा या असिताश्मिक मृदा पर नहीं बनाना चाहिये। ऐसी मृदायें जिन पर पारच्वाल-हानि कम से कम होती हो, तालाब बनाने के लिये श्रेष्ठ हैं।

तालाब का परिमाण, अनुमानित अपधाव जो जल-गृह क्षेत्र से प्राप्त होगा, पर आधारित होगा। तालाब में आने वाले अपधाव का अनुमान तालिका 12.5 में दिया गया है।

बैंगलोर केन्द्र पर अनुमान लगाया गया कि तालाब का परिमाण 0.6 हैक्टेयर जल-गृह क्षेत्र के लिए 200 M^3 होना चाहिये। अगर जल-गृह क्षेत्र 6 से 7 हैक्टेयर का है तो परिमाण उपरोक्त तालाब से करीब दस गुना (यानी 2000 m^3) होगा।

तालाब किसी भी आकार का हो सकता है। आम तौर पर गोल, चौकोर या आयताकार आकार के तालाब बनाये जाते हैं। गोल आकार के तालाब बनाने में अधिक लागत आती है। अगर साइड का ढाल 1.5=1 और सतह का क्षेत्रफल 900 वर्ग मीटर हो तो परिमाण के हिसाब से तालाब की जल संग्रहण करने की क्षमता इस प्रकार होगी:—

आकार	**परिमाण (मीटर)**	**जल संग्रहण क्षमता (मी^{3})**
गोल	106	1499
चौकोर	120	1464
आयताकार	122	1458

तालाब बनाने के लिए निम्नलिखित कार्य करने पड़ेंगे:—

1. **स्थान की सफाई:**—वह स्थान जहाँ तालाब बनाना हो अच्छी तरह साफ करना पड़ेगा। तालाब के चारों तरफ से करीब 10-15 मीटर की झाड़ियाँ, कंकर, पत्थर हटाने होंगे।
2. तालाब वाले स्थान को नाप कर चारों कोनों पर खूंटी गाड़ दें।
3. तालाब के नाप के निर्देशचिन्ह स्थापित कर लें।
4. तालाब की खुदाई खण्ड प्रति खण्ड करें जिससे कि सीढ़ियां बन जायें और खुदी हुई मिट्टी को नापने और बाहर निकालने में आसानी हो।
5. खुदी हुई मिट्टी की मात्रा काफी होती है। ऊपर की 30 सेन्टीमीटर मिट्टी को खेत के नीचे वाले स्थानों को भरने के काम में लिया जा सकता है। करीब 50 प्रतिशत मिट्टी तालाब के चारों तरफ मेड बनाने के काम में ली जानी चाहिये। यह प्रतितर करीब 2 मीटर ऊँची होती है।
6. **शोल्डर बन्ड और टो ड्रेन:**— शोल्डर बन्ड और एक छोटी टो ड्रेन जो तालाब के चारों ओर घूमेगी, बनाई जानी चाहिये।
7. **सिल्ट ट्रैप:**— तालाब में पानी घुसने के स्थान पर एक सिल्ट ट्रैप बनानी चाहिये जिससे कि मिट्टी तालाब में न जा सके। यह सिल्ट ट्रैप नाली की

चौड़ाई से कुछ अधिक लम्बा होना चाहिये । इस सिल्ट ट्रैप कही गहराई 0.5 से 1.0 मीटर तक तथा साइड ढाल 1.5=1 होना चाहिये ।

4. वर्षा-पानी का प्रयोजन :—

वर्षा के पानी का प्रयोजन निम्नलिखित विधियों से किया जा सकता है:—

1. प्राकृतिक जल-गृह क्षेत्र में कुछ मामूली परिवर्तन करके:—

जल गृह पर झाड़ियाँ और चट्टानें साफ करके तथा भूमि की सतह को कूट कर अविरल बनाने से अपधाव की मात्रा बढ़ाई जा सकती है ।

2. रासायनिक उपचार करके:—

इसके लिए ऐसे रासायनिक पदार्थ प्रयोग में लाये जाते हैं जिनके प्रयोग से भूमि पानी के लिए अवेध्य हो जाती है या वह पानी का अपासन करती है । ऐसे पदार्थ हैं— सोडियम सल्फेट, सिलिकोन्स, लैटेक्स, एस्फाल्ट, बैक्स इत्यादि । ऐसी मृदायें जिनमें चिकनी मिट्टी के कण अधिक होते हैं उनमें सोडियम सल्फेट का प्रयोग करना ही उचित होता है । एस्फाल्ट छिड़क कर जल-गृह क्षेत्र को जल-अन्नवेश्य बनाया जा सकता है । ऐसे जल-गृह क्षेत्र 4-5 वर्षों तक चलते हैं । पैराफिन वैक्स का प्रयोग भी विदेशों में किया गया है । इसके प्रयोग से अपधाव की मात्रा 90 प्रतिशत तक बढ़ाई जा सकी है ।

3. जल-गृह क्षेत्र को ढक कर:—

प्लास्टिक शीट, बुटाईल रबर, मैटिल फोईल इत्यादि पदार्थों से ढक कर भूमि की सतह को पानी के प्रति अप्रवेशीय बनाया जा सकता है ।

उपचार और जल संचयन की कुशलता (प्रतिशत) में सम्बन्ध तालिका 12.6 में दिखाया गया है । एस्फालट फाईबर शीट सबसे ज्यादा लाभकारी सिद्ध हुई ।

5. तालाब से पानी की हानि:—

तालाब में इकट्ठे किये गये पानी की हानि आश्च्याव और उद्वाष्पन द्वारा होती है । शोलापुर में किये गये अनुसंधानों से ज्ञात हुआ है कि मध्यम गहराई वाली काली मृदाओं से 72 प्रतिशत पानी का ह्रास हुआ, इसमें से 80 प्रतिशत आश्च्याव द्वारा था । इनको रोकने के उपाय नीचे दिये गये हैं:—

5.1 – पानी के आश्च्याव नियंत्रण:—

प्राकृतिक साद-निक्षेप द्वारा आश्च्याव कुछ वर्षों में बहुत कम हो जाता है । राजकोट व देहरादून केन्द्रों पर यह देखा गया है कि आश्च्याव पहले वर्ष में अगर 100 था तो पाँचवें

साल में वह क्रमशः 14 और 38 रह गया ।

आश्च्याव के नियंत्रण के लिए तालाब की सतह में और चारों तरफ अस्तर लगाना अनिवार्य है । अस्तर लगाने से आश्च्याव तो कम हो जाता है, लेकिन तालाब बनाने की कुल कीमत बढ़ जाती है ।

अब तक के अनुसंधानों से हर क्षेत्र में उपचार के अनुसार कामयाबी मिली है । यह जानकारी तालिका 12.7 में दी गई है ।

तालिका 12.7 से यह विदित हो जाता है कि अस्तर लगाने से आश्च्याव बहुत हद तक नियंत्रण में लाया जा सकता है । इस कार्य के लिए सभी पदार्थ एक से असरदार साबित नहीं हो पाये । ज्यादातर पास ही में मिलने वाले पदार्थों का प्रयोग करना चाहिये । जलोढ़ रेतीली दोमट, लाल रेतीली दोमट इत्यादि मृदाओं के लिये 8 हिस्सा भूमि और 1 हिस्सा सीमेन्ट का मिश्रण आश्च्याव रोकने में असरदार साबित हुआ है । सभी जगहों पर पोलिएथीलीन शीट का उपयोग अच्छा साबित हुआ ।

सबसे सस्ता तरीका तो यह होगा कि चिकनी मिट्टी को तालाब की सतह में लेकर अच्छी तरह कूट दिया जाये । यह तह कम से कम 30 सेन्टीमीटर मोटाई की होनी चाहिये, अगर तालाब में पानी 3 मीटर गहराई तक रखना हो । इसके बाद हर 30 सेन्टीमीटर तालाब की गहराई के लिए 5 सेन्टीमीटर मोटी चिकनी मिट्टी की तह होनी चाहिए ।

यह देखा गया है कि तालाब जितना बड़ा होगा उतना ही उससे ज्यादा आश्च्याव होगा । इसके साथ, तालाब में जितना ज्यादा पानी होगा, उतना ही ज्यादा उसमें आश्च्याव होगा ।

5.2 – तालाब से उद्वाष्पन-हानि का नियंत्रण:–

शुष्क क्षेत्रों में अधिक तापक्रम, कम हवा-आर्द्रता, और अधिक हवा की गति के कारण भी हानि उद्वाष्पन के रूप में होती है । देहरादून में इन हानियों को नापा गया जो तालिका 12.8 में दी गई हैं ।

उद्वाष्पन हानियाँ कई प्रकार के पदार्थों के उपयोग से रोकी जा सकती हैं जिनमें से पौधों के अवशेष भाग (भूसा, लकड़ी की छाल, बुरादा), तेल पदार्थ, गोंद मिश्रण, पालिएथीलीन ऑक्साइड, इत्यादि । मोम इस काम के लिये प्रयोग किया गया । मोम की शिलायें पानी के ऊपर तैरने दी जाती हैं । सूरज की गर्मी से ये शिलायें कभी-कभी पिघल जाती हैं । रबर और प्लास्टिक की शिलायें भी इस काम में ली जाती हैं ।

इस विषय पर भारत में अनुसंधान कार्य नहीं के बराबर हुआ है ।

6 संचयित पानी का पुनः उपयोग:–

तालाब में संचयित पानी बहुत कीमती होता है और इसलिए उसका सदुपयोग अति आवश्यक है । उचित पुनः उपयोग के लिये यह आवश्यक है कि पानी के वहन का सही

तरीका अपनाया जाये ताकि वहन में कम से कम हानि हो । इसके अतिरिक्त पानी देने का सही तरीका, समय और मात्रा भी उतने ही जरूरी है । फसलों का सही चयन जो पानी के प्रति प्रतिचारी हों, अधिक महत्वपूर्ण है ।

इक्रीसेट (ICRISAT) की मध्यम गहरी काली मृदाओं पर किये गये परीक्षणों से यह अनुमान लगाया गया है कि संचगित पानी का 65 से 80 प्रतिशत पानी पुन: उपयोग में लागा जा सकता है । एक औसत वर्ष में इस पानी से 40-50 मिलीमीटर तक पानी दान देने वाले जल-गृह क्षेत्र को दिया जा सकता है ।

देहरादून केन्द्र पर परीक्षणों द्वारा तालाब में उपलब्ध पानी की मात्रा जो प्रति वर्ष नवम्बर को मिली, तालिका 12.9 में दी गई हैं ।

6.1 – सिंचाई की रीतियाँ:–

पानी को ठीक ढंग से देने से पानी की बचत की जा सकती है । सिंचाई पूर्ण विधि से देने के बजाय यह अच्छा होगा कि सिंचाई कूंड-नालियों में ही दी जाये । शोलापुर में किये गये परीक्षणों से मालूम हुआ कि ज्वार जैसी फसलों को, जो पास-पास में लाइनों में बोई जाती है, एक कूंड छोड़कर सिंचाई देने से पानी की काफी बचत की जा सकती है । सिंचाई सेक्त तथा द्रप्सन विधि से देने से पानी की और भी बचत हो सकती है । ये विधियाँ अगर फल या अधिक दामों वाली फसलों में अपनाई जाएं तो अधिक लाभप्रद साबित होगी । बीजापुर केन्द्र पर किये परीक्षणों से प्राप्त जानकारी तालिका 12.9.1 में दी गई है ।

6.2 – सिंचाई देने का समय:–

संचयित पानी से पूरा लाभ उठाने के लिये यह महत्वपूर्ण है कि सिंचाई ठीक समय पर दी जाये । खरीफ मौसम में फसलों को सूखा के दौरान पानी देने से पूरा लाभ होता है । ऐसा करने से न केवल फसल नष्ट होने से बच जाती है वरन् उसकी पैदावार भी बढ़ जाती है । यह सूखा आम तौर से जुलाई या अगस्त के महीने में होता है । कभी-कभी मौसम के दौरान अच्छी वर्षा होने के कारण खरीफ की फसलों को सिंचाई की आवश्यकता नहीं पड़ती। ऐसी परिस्थिति में संचयित पानी को रबी फसल के बोने से पहले काम में लिया जा सकता है । ऐसा करने से रबी के बीजों के लिये भूमि में नमी की कमी नहीं पड़ती और उनका अंकुरण भी अच्छा होता है । रबी की फसलें जो भूमि में संग्रहीत पानी पर ही बोई जाती है, एक 4-6 सेन्टीमीटर सिंचाई देने से पैदावार में कई गुनी बढ़ोतरी हो जाती है । (तालिका 12.9.2)

देहरादून में, एक 5 सेन्टीमीटर सिंचाई बोने से पहले और बोने के 21 दिन बाद से गेहूँ की पैदावार में क्रमश: 82 प्रतिशत, बगैर सिंचाई के ऊपर बढ़ोतरी हुई । दो सिंचाइयों (10 से.मी.) देने से एक बोने से पहले (5 से.मी.) और दूसरी बोने के 21 दिन बाद (5 से.मी.) पैदावार में 128 प्रतिशत की बढ़ोतरी हुई । भोपाल में, गेहूँ, चना, कुसुम, अलसी की फसलों को एक सिंचाई देने से क्रमश: 40, 64, 37, 17 प्रतिशत पैदावार में बढ़ोतरी हुई। धान में प्रतिरोपण और दाने बनते समय और सोयाबीन में दाने बनते समय सिंचाई देने से 90

और 40 प्रतिशत बढ़ोतरी मिली ।

सिंचाई देने के समय का ज्वार की फसल पर प्रभाव तालिका 12.9.3 से देखा जा सकता है ।

6.3 – अनुपूरक सिंचाई:–

एक अनुपूरक सिंचाई देने से विभिन्न फसलों की पैदावार पर प्रभाव तालिका 12.9.4 और 12.9.5 में दिये गये आंकड़ों से विदित हो जाता है ।

6.4 – उर्वरक कार्य निष्पक्ति बढ़ाने के लिये सिंचाई:–

सिंचाई के साथ उर्वरक देने से पानी और उर्वरक की निष्पक्ति बढ़ाई जा सकती है । (तालिका 12.9.6)

7. संचयन और पुनः उपयोग की अर्थ व्यवस्था:–

जोधपुर में किये गये अनुसंधानों से पता चला है कि वर्षा के अपधाव से संचयन और पुनः उपयोग करने से, जिसके आंकड़े तालिका 12.9.7 में दिये गये हैं, 65 रु. का नुक्सान होता है । यह नुक्सान तब हुआ जब यह संचयित पानी जल-गृह क्षेत्र पर उगाये गये बाजरे की फसल को दिया गया । अगर जल-गृह क्षेत्र पर बाजरे के बजाय बेर उगाये जावें । (250 पौधे प्रति हैक्टयर), तो तीसरी साल, चौथी साल, पाँचवीं साल में क्रमश: 15,000, 20,000 और 25,000 रुपयों की आय होगी । (तालिका 12.9.8)

कर्नाटका, डीडाबालापुर में, 1973-74 में तीन तालाब 32 X 32 मी.^{2}, 40 X 40 मी^{2} और 32 X 32 मी^{2}, जिनकी पानी संचयन की क्षमता क्रमश: 0.20, 0.25 और 0.25 हैक्टेयर मीटर थी और जिनके खोदने पर 4514, 5053 और 4508 रु. खर्चा आया था, और जल-गृह क्षेत्र पर टमाटर, संकर मक्का, रागी, मलबरी जैसी फसलें उगाई गई थीं, की अर्थ व्यवस्था निकाली गई । लागत और आमदनी का अनुपात क्रमश: 1:2.29, 1:2.44, 1:1.20 निकला ।

डी.पी.ए.पी. कर्नाटका में खोदे गये तालाब, उन पर लागत और एक 945 मीटर^2 के तालाब पर लागत और आय तालिका 12.9.9 में दी गई है ।

देहरादून में दो तालाब, जिन पर 32,919 रु. और 50,765 रु. 1978 में खर्चा आया और जिनकी अवधि क्रमश: 50 और 30 वर्ष मानी गई, खर्चा और आय का अनुपात 1:96 और 1:1.85 निकाला गया । फक्रोट (तेहरी-गढ़वाल) जल-गृह क्षेत्र में एक तालाब बनाया गया जिसका खर्चा और आय का अनुपात 1:2.71 निकाला गया । खर्चे का अनुपात

वर्ष 1956-60 में एक 0.28 हैक्तेयर मीटर संचयन क्षमता का तालाब बनाया गया जिसका जल-गृह 16.2 हैक्टेयर था । 1980 की कीमतों के आधार पर उसकी कीमत 10,650 रु. आंकी गई । 5 से 10 सेन्टीमीटर संचयित पानी जो रबी ज्वार को दिया गया, खर्चा और आय का अनुपात क्रमश: 1:3.40 और 1:2.50 निकाला गया ।

तालिका – **12.1** : आर्तव वर्षा, वर्षा वाले दिन, अपधाव वाले दिन और आर्तव अपधाव, जोधपुर 1976-1979

विवरण	साल (खरीफ मौसम)			
	1976	1977	1978	1979
आर्तव वर्षा	387.1	303.4	262.6	685.5
वर्षा वाले दिन आर्तव में	27	22	29	16
अपधाव के दिन	16	11	13	10
प्रतिशत वर्षा वाले दिन जिनमें अपधाव हुआ	59.26	50.00	44.83	62.50
आर्तव अपधाव	103.10	48.00	73.40	— x
प्रतिशत अपधाव	26.6	15.8	28.0	— x

— x तालाब के उत्पादन के कारण अपधाव नहीं नापा जा सका।

तालिका – **12.2** : वर्षा और अपधाव इक्रीसेट के दो जल गृह क्षेत्रों पर

वर्ष	सस्यगत जल गृह क्षेत्र			पडत जल गृह क्षेत्र		
	वर्षा (मि.मी.)	अपधाव (मि.मी.)	वर्षा / अपधाव प्र.श.	वर्षा (मि.मी.)	अपधाव (मि.मी.)	वर्षा / अपधाव प्रतिशत
1973	697	51	7.3	735	59	8.0
1974	810	116	14.3	807	223	27.6
1975	1042	162	15.5	1055	253	24.0
1976	687	73	10.6	710	238	33.5
1977	586	2	0.3	586	53	9.0
1978	1125	273	24.3	1117	410	36.7
1979	689	73	10.6	682	202	29.6
1973-79	5636	750	13.3	5692	1438	25.2

तालिका – **12.3** : अन्तरा भू-खण्डक संचयन का बाजरे की पैदावार पर प्रभाव-जोधपुर

जल गृह क्षेत्र और फसल उगाये गये क्षेत्र का अनुपात	पैदावार (क्विं प्रति हैक्टेयर) (दो वर्षों का औसत)
1 : 1 (ढाल एक तरफ)	25.1
1 : 1 (ढाल दोनों तरफ)	28.0
1 : 2 (ढाल दोनों तरफ)	18.5

तालिका – **12.4** : अन्तरा-पंक्ति संचयन का बाजरे की फसल पर प्रभाव

अन्तरा पंक्ति उपचार	पैदावार (क्विं प्रति हैक्टेयर) x x फसल उगाये गये क्षेत्र पर आधारित
1. मेड़ के ऊपर तालाब की मिट्‌टी का लेप	6.8
2. पंक्तियों के बीच में पोलीऐथीलीन शीट बिछाकर	8.4
3. नालियों में गोबर खाद (3 टन प्रति है.)	9.1
4. नालियों की साइड में बुआई	5.6
5. बुआई उठे हुए बीज की क्यारी में	3.4

तालिका – **12.5** : वर्षा के पानी की मात्रा जो अपधाव के रूप में आ सकती है

क्षेत्र	भूमि की किस्म	वार्षिक वर्षा (मि.मी.)	भूमि का ढलान (प्रतिशत)	संभावित पानी की मात्रा (प्र.श)
देहरादून, यू.पी.	सिल्टी लोम	1600	2-4	16.5
बिलारी, कर्नाटक	गहरी काली	508	1-2	20.0
अनन्तपुर, आन्ध्रा	उथली लाल	540	3-5	20.0
शिवालिक	रेतीली दोमट	1150	10-15	55.0
हैदराबाद, आन्ध्रा	लाल रेतीली दोमट	770	2-5	10.0
बैंगलोर, कर्नाटक	लाल	830	2-3	20.0
करनाल, हरियाणा	खारी	650	0-2	40.0
चित्रदुर्गा, कर्नाटक	लाल दोमट	612	5-10	10.0
बूंगा, हरियाणा	सिल्टी क्ले लोम	1116	10-12	50.0

तालिका – **12.6 :** भूमि सतह पर उपचार और जल संचयन की कुशलता

भूमि सतह पर उपचार क्रिया	जल संचयन की कुशलता (प्रतिशत)
1. भूमि को कूट कर	30-60
2. वनस्पति हटा कर	7-21
3. कुटी हुई भूमि पर बिटुमैन फैला कर	65-89
4. रोडिउ कैचमैन्ट बना कर	24-41
5. सोडियम क्लोराइड द्वारा	10-64
6. सोडियम कारबोनेट द्वारा	35-71
7. बैन्टोनाइट और सोडियम क्लोराइड का मिश्रण	48-61
8. बैन्टोनाइट क्ले	19-56
9. एस्फाल्ट	60-90
10. एस्फाल्ट फाइबर शीट	85-95

11. एस्फाल्ट रूफिंग	52
12. बिटुमैन में मिट्टी का तेल मिलाकर	77
13. कौनक्रीट मेम्ब्रेन	56-80
14. लो डेन्सिटी पोलिएथीलीन शीट	60-85
15. सिलीकोन और पैराफिन	50-80

तालिका – **12.7** : संमुद्रित उपचार से आश्च्याव पर प्रभाव

क्षेत्र	उपचार	भूमि प्रकार	आश्च्याव	
			बगैर उपचार के	उपचार से
कोटा (राजस्थान)	हाईडेन्सीटी पोलिएथी-लीन शीट	मध्यम काली	45 से.मी./दिन	1.3 से.मी./दिन
वासद (गुजरात)	भूमि: सीमेन्ट (8:1)	जलोढ रेतीली दोमट से दोमट	668.9 (लिटर मी^{2}/दिन)	231.9 (लिटर मी^{2}/दिन)
ऊटी (तमिलनाडू)	बिटुमैन	इष्टकिज सादमय मृत्तिका	72.3 (लिटर मी^{2}/दिन)	2.3 (लिटर मी^{2}/दिन)
हैदराबाद (आन्ध्र प्रदेश)	प्लास्टिक शीट	लाल रेतीली दोमट	422.2 (लिटर मी^{2}/दिन)	3.2 (लिटर मी^{2}/दिन)
बैंगलोर (कर्नाटक)	भूमि: सीमेन्ट (8:1)	लाल रेतीली दोमट	8.9 (से.मी./दिन)	3.4 (से.मी./दिन)
होशियारपुर (पंजाब)	पोलिएथी-लीन शीट	रेतीली दोमट	520.0 (लिटर मी^{2}/दिन)	7.0 (लिटर मी^{2}/दिन)
देहरादून (यू. पी.)	सीमेन्ट + ईंटें	सदमय दोमट से चिक्कड़ दोमट	10.0 (से.मी. प्रतिदिन)	2.0 (से. मी. प्रतिदिन)

तालिका – **12.9 : 1** नवम्बर को तालाब में पानी की मात्रा जो पुन: उपयोग के लिए उपलब्ध थी

साल	पानी की प्राप्ति सारे जल गृह क्षेत्र से	है० से.मी. प्रति है०	टिप्पणी
1956-63	28.0	1.67	दो साल का औसत
1964-70	34.8	2.08	छ: साल
1970-75	50.1	2.99	चार साल का औसत
1976	56.2	3.35	एक साल
1977	74.1	4.46	एक साल

तालिका – 12.8 : औसत माहावार (1959-76) आश्च्याव और उद्वाष्पन हानियाँ (सेन्टीमीटर)

	अक्टू.	नव.	दिस.	जन.	फर.	मार्च	अप्रैल	मई	जून	कुल योग
संग्रहण हानियाँ	98.0	67.5	8.9	32.1	28.0	30.0	29.0	29.9	28.0	391.4
उद्वाष्पन द्वारा	9.0	7.1	5.3	5.5	6.9	12.7	21.6	28.7	23.1	120.9
आश्च्याव द्वारा	89.0	60.4	43.6	26.6	21.1	17.3	7.4	0.2	4.9	290.5

तालिका – **12.9.1 :** बेर, अंजीर और अनार की फसल को भिन्न-भिन्न विधियों से सिंचाई देने का पैदावार पर प्रभाव

सिंचाई विधि	पैदावार प्रतिशत बढ़ोतरी बगैर सिंचाई के ऊपर		
	बेर	अंजीर	अनार
1. ट्रपसन	252	228	133
2. सेक्त्र (जैट तरीका)	189	128	52
3. सतह पर	149	82	60

तालिका – **12.9.2 :** एक **4-6** से.मी. सिंचाई देने का रबी ज्वार की पैदावार (कि. है.) पर प्रभाव

उपचार	बीजापुर	बेंलारी	शोलापुर
बिना सिंचाई के	1664	541	966
एक सिंचाई से	2639	2109	1797

तालिका – **12.9.3 :** ज्वार की पैदावार (क्विं प्रति है.) पर एक संकट सिंचाई का प्रभाव

फसल की	पैदावार
बिना सिंचाई के	13.9
वर्षा समय	17.4
फूल आते समय	19.2

तालिका – **12.9.4 :** एक अनुपूरक सिंचाई (**5** से.मी.) देने से फसलों की पैदावार पर प्रभाव

केन्द्र	फसल	पैदावार (क्विं / है.)		प्रतिशत बढ़वार
		बगैर सिंचाई के	सिंचाई से	
आगरा	गेहूँ	21.9	27.4	25
बिलारी	ज्वार	4.3	13.5	213
चंडीगढ़	गेहूँ	6.7	20.0	198
देहरादून	गेहूँ	21.4	35.5	66
हैदराबाद	ज्वार	13.9	19.9	43
वासद	बीड़ी तम्बाकू	14.9	17.5	17

तालिका – **12.9.5** : विभिन्न फसलों का अनुपूरक सिंचाई के प्रति प्रतिचार

केन्द्र	फसल	साल (नम्बर)	औसत प्रतिचार (क्विं/है.)	प्रतिशत बढोतरी (बगैर सिंचाई के ऊपर)
लुधियाना	गेहूँ	10	1101	54
	जौ	3	870	38
	चना	2	260	14
	पीली सरसों	1	550	35
	लाल सरसों	1	420	29
	राया	1	730	54
देहरादून	गेहूँ	5	1473	81
	जौ	3	934	32
राँची	गेहूँ	2	238	30
	जौ	4	561	55
	अलसी	3	307	51
	कुसुम	4	288	40
	सरसों	4	203	141
बिलारी	ज्वार	6	1263	83
	कपास	2	219	58
	कुसुम	2	291	123
शोलापुर	ज्वार	4	801	83

तालिका – **12.9.6 :** सिंचाई के साथ उर्वरक (नाइट्रोजन) देने से गेहूँ की पैदावार पर प्रभाव (देहरादून, **4** साल का औसत)

सिंचाई देने का समय	पानी की मात्रा (सेमी.)	नाइट्रोजन की मात्रा (क्विं प्रति है.)				
		0	50	100	150	औसत
बगैर सिंचाई के	0	14.8	17.0	19.8	22.1	18.4
बोने से पहले	5	26.8	33.2	36.1	42.0	34.5
बोने से 21 दिन बाद	5	26.4	31.0	35.9	39.3	33.1
बोने से पहले + बोने से 21 दिन बाद	10	30.7	30.8	44.9	51.9	41,8

तालिका – **12.9.7** : संचयन और पुन: उपयोग की अर्थ व्यवस्था (0.5 है. जल-गृह क्षेत्र), जोधपुर (1980 की कीमतों पर आधारित)

विवरण	पैसा (रु.)
1. फार्म तालाब की क्षमता	३०० कु.मी.
2. खाली जल-गृह क्षेत्र जिसकी आवश्यकता होगी	१.० है.
3. तालाब बनने का खर्चा	6200
4. एक 5 एच.पी. की सैन्ट्रीफुगल मोटर लगाने का खर्चा	3500
5. सालाना बंधी—कीमत (तालाब की कुल अवधि 25 साल)	260
6. पानी उठाने की प्रति घन्टा कीमत	7.70
7. 0.5 है. क्षेत्रफल के लिए पानी उठाने की कीमत	30.80
8. पैदावार में हानि (बाजरा) जो जल-गृह क्षेत्र को खाली छोड़ने से हुई	2.2 क्वि.
9. हानि (2.2 कु. बाजरे की कीमत के बराबर)	330.00
10. एक 5 से.मी. सिंचाई देने से अतिरिक्त पैदावार	3.7 क्वि.
11. अतिरिक्त आय एक अनुपूरक सिंचाई देने से	555.00
12. पूरी लागत 0.5 है. को एक अनुपूरक सिंचाई देने से	290.80
13. शुद्ध नुकसान (9 + 12 – 11)	–65.00

तालिका – **12.9.8** : खाली जल गृह पर बेर उगाने की अर्थ व्यवस्था

1. खाली जल गृह क्षेत्र का क्षेत्रफल	1.0 है.
2. बेर के पौधों की संख्या	250
3. बेर की पैदावार प्रति पेड़—	
1. तीसरी साल	30 किलो
2. चौथी साल	40 किलो
3. पाँचवीं साल	50 किलो
4. कुल बैर की पैदावार—	
1. तीसरी साल	7500 कि.
2. चौथी साल	10,000 कि.
3. पाँचवीं साल	12,500 कि.
5. कुल आमदनी @ 2 रु. प्रति किलो—	
1. तीसरी साल	15,000 रु.
2. चौथी साल	20,000 रु.
3. पाँचवीं साल	25,000 रु.

तालिका – **12.9.9 :** (क) डी.पी.ए.पी. कोलार में विभिन्न परिमाण के तालाब बनाने पर खर्चा

परिमाण	नम्बर	लागत (रु. में)
4860	1	8666
4050	1	6706
3888	1	7360
3240	1	7254
2700-3000	1	5998
2430	4	5135
2065	2	4732
1890	2	2739
1701-1728	6	3829
1620	3	3187
1458	2	2486
1296-1350	4	2879
1080-1134	3	2115
810	1	2067

(ख) एक तालाब (**945** कुबिक मीटर) पर लागत और आय–डी.पी.ए.पी.

(1) परिमाण 945 मी^{3}

(2) सिंचाई का क्षेत्रफल 1.2 है.

(3) फसलें जो उगाई गईं–

रागी खरीफ	0.4 है.
कुकम्बर	4.4 है.
प्याज	0.4 है.
बींस	0.4 है.
तरबूज	0.4 है.
(4) तालाब बनाने पर लागत	1320 रु.
(5) तालाब की अवधि	15 लाख
सालाना लागत	88 रू.
(6) भूमि समतल करने का खर्च	1500 रू.
अवधि	15 साल
सालाना लागत	100 रू.

(7) सालाना लागत

पानी उठाना	150 रू.
तालाब	88 रू.
भूमि समतल करना	100 रू.
इनपुट्स की लागत	600 रू.
सूद 6 प्रतिशत	56 रू.
टोटल	994 रू.

(8) अतिरिक्त आय 1410 रू.

(9) लागत आय का अनुपात 1:1:46

उपरोक्त आकड़ों से विदित होता है कि अपधाव संचयन करके पुनः उपयोग करने से 1 रूपया खर्चा करने पर 1 रूपये 46 पैसे आमदनी के तौर पर प्राप्त होते हैं ।

अध्याय —13

उन्नत कृषि यन्त्र

शुष्क क्षेत्रों में अधिक पैदावार के लिये यह आवश्यक है कि खेत की जुताई, बिजाई, उर्वरक देना, अन्तरा कृषि-संकार्य, पौध-सुरक्षा इत्यादि ठीक ढंग से और ठीक समय पर किये जायें । समय पर कार्य करने से न केवल पैदावार में बढ़ोतरी होती है, वरन् समय की बचत और वर्षा एवम् भूमि पानी का पूरा लाभ उठाया जा सकता है । भूमि पानी का संचयन करके तथा उन्नतिशील यन्त्रों द्वारा प्रत्येक फसल पैदावार सम्बन्धी कार्य को ठीक समय पर किया जा सकता है ।

1. उत्कषण की आवश्यकताएँ:—

भारतीय शुष्क कृषि अनुसंधान केन्द्रों पर विभिन्न फसलों और मृदाओं के लिये उत्कषण की आवश्यकतायें मालूम की गई हैं और कई तरह के यन्त्रों का प्रयोग किया गया है । तालिका 13.1 में विभिन्न मृदाओं के लिये और फसलों के लिये उत्कषण के लिये उत्तम विधि और यंत्र दिये गये हैं ।

2. बीज और उर्वरक बोने वाले उन्नतिशील यन्त्र:—

भारतीय बारानी कृषि अनुसंधान संस्थान, हैदराबाद पर किये गये परीक्षणों के बाद निम्नलिखित यन्त्र विकसित किये गये—

1. फेस्पो हल— यह हल हैदराबाद केन्द्र पर विकसित किया गया । इस लकड़ी के हल पर दो अलग-अलग प्लास्टिक की नलिकायें लगाई गई हैं जिससे बीज व उर्वरक अलग-अलग पड़ते हैं । उर्वरक करीब 2 सेन्टीमीटर गहरा और बीज की पंक्ति से करीब 5 सेन्टीमीटर दूर पड़ता है । बीज और उर्वरक को ढकने के लिए हल के पीछे एक चेन लगाई गई है । बीज की बुआई और उर्वरक डालने की गहराई को आवश्यकतानुसार समायोजित किया जा सकता है । इस यन्त्र में दो कमियाँ हैं— एक तो यह कि बीज हाथ से डालना पड़ता है और दूसरे इसको चलाने के लिये दो मनुष्यों की आवश्यकता होती है । यह हल गाँव का बढई आसानी से बना सकता है । इसकी कीमत लगभग 175 रुपये है ।

इस हल पर किये गये परीक्षणों के आँकड़े तालिका 13.2 में दिये गये हैं:—

2. ईनाटी गोरु (Eenati gorru)— यह यन्त्र अनन्तपुर केन्द्र पर विकसित किया गया । इसके द्वारा एक ही बार में तीन लाइनें बोई जा सकती हैं । यह सस्ता (200 रु.) है और गाँव में ही बनाया जा सकता है । इसमें कूड खोलने की फाल लोहे की बनी है और बाकी भाग

लकड़ी के बने हैं । यह यन्त्र भी बीज और उर्वरक दोनों को एक ही बार में डाल सकता है । इस यन्त्र में तीन कमियाँ हैं– प्रथम, बीज और उर्वरक डालने की पैमानिक व्यवस्था नहीं है । दूसरी, पंक्तियों की चौड़ाई स्थिर है और तीसरी, यह केवल छोटे आकार के बीज बोने के उपयुक्त है ।

3. रागी सीडर– यह यन्त्र बैंगलोर केन्द्र पर विकसित किया गया है । जैसा कि इसके नाम से विदित है यह केवल रागी बोने के लिये ही उपयुक्त है । इसकी कीमत केवल 200 रु. है और इसे गाँव में बढ़ई बना सकता है । इसमें पाँच फालियाँ होती हैं और यह करीब 1.4 से 1.6 हैक्टेयर एक दिन (8 घंटे) में बो सकता है । इस यन्त्र के द्वारा उर्वरक उचित दूरी (तथा उचित गहराई) पर पड़ सकता है । इस यंत्र में बीज मापने की कोई व्यवस्था नहीं है ।

4. **टू बोल सीड ड्रिल (Two bowl seed drill)** —यह यन्त्र शोलापुर केन्द्र पर विकसित किया गया है । यह काफी साधारण व सस्ता है । इसकी कीमत 300 रुपये है । लकड़ी का बना होने के कारण गाँव में ही बनाया जा सकता है । काली मृदा वाले क्षेत्रों में किसान दो फाली वाला हल बनाते हैं । यह 3 फाली वाले भी बनाये जा सकते हैं । इस यंत्र में भी बीज तथा खाद हाथ द्वारा डाले जाते हैं ।

5. रिजर सीडर (Ridger Seeder)— यह ट्रैक्टर द्वारा (4-5 फाली वाला) और बैलों द्वारा (2 फाली वाला) बीज बोने का यन्त्र हिसार केन्द्र पर विकसित किया गया । ट्रैक्टर से चलने वाला यन्त्र लोहे का बना है परन्तु महंगा (4000 रु.) है तथा बैलों से चलाये जाने वाला हल साधारण है तथा 300 रु. का है । इसकी सबसे बड़ी विशेषता यह है कि खरीफ में यह फसलों को मैडों के ढाल पर और रबी में नाली में बुआई कर सकता है । 'ट्रैक्टर द्वारा चलाये जाने वाले यन्त्र में बीज और उर्वरक दोनों की यांत्रिक तौर से डालने की व्यवस्था है परन्तु हल से चलाये जाने वाले यन्त्र में केवल बीज की व्यवस्था है, और वो भी हाथ द्वारा । इस यन्त्र के द्वारा छोटे और बड़े आकार के बीज बोये जा सकते हैं । यह यन्त्र खरीफ और रबी के मौसम में सूखी बुवाई के लिये सर्वोत्तम पाया गया है ।

6. शिवाजी बहु-उद्देशीय मशीन–यह मशीन शोलापुर केन्द्र पर विकसित की गई है । इसकी कीमत 6000 रु. है । बहु-उद्देशीय होने के कारण इस यन्त्र द्वारा बहुत से काम किये जा सकते हैं जैसे भू-परिष्करण, बिजाई, अन्तःक्रियायें । इस यन्त्र में लाइन से लाइन का फासला (25-90 से.मी.) बीज और उर्वरक डालने की गहराई (2.5-12.5 से.मी.) का समायोजन किया जा सकता है । यह मशीन ही कई प्रकार की फसलों को बो सकती है । इसमें बीज और उर्वरक की मात्रा और डालने की गहराई पर यान्त्रिक नियन्त्रण किया जा सकता है । इसको चलाने के लिये अधिक खिंचाव (ड्राफ्ट) की आवश्यकता होती है ।

7. मालवीय बीज अथवा उर्वरक डालने की मशीन– यह मशीन वाराणसी केन्द्र पर विकसित की गयी है । इस यंत्र से खेत की जुताई, बिजाई (बीज और उर्वरक), और निराई-गुड़ाई की

जा सकती है । बीज और उर्वरक के बक्से टूल-बार से अलग किये जा सकते हैं और फरो ओपनर्स (Furrow openers) की जगह स्वीप्स (Sweeps) लगाई जा सकती है । इस यंत्र में दो तरह के बीज डालने की व्यवस्था है– एक तो फलुटिड रोलर और दूसरे एक वरटीकल रोटर जिस पर छेद किये होते हैं । इसीलिए इस यन्त्र के द्वारा हर प्रकार के आकार के बीज बोये जा सकते हैं । इसमें बीज व खाद यांत्रिक तौर से माप कर डालने की व्यवस्था है । यह लोहे का बने होने के कारण कुछ कीमती है (3000/- रु.) । इस मशीन की यह विशेषता है कि पैकिंग व्हील द्वारा बोयी गयी फसलों की पंक्तियों पर पैकिंग किया जा सकता है जिससे बीजों का जमाव अच्छा होता है ।

वाराणसी केन्द्र पर किये गये परीक्षणों के आँकड़े तालिका 13.3 में दिये गये हैं ।

8. बिरसा सीड ड्रिल – यह एक फाली वाला यन्त्र रांची केन्द्र पर विकसित किया गया । यह बनाने में आसान और बैलों से खींचने में सुगम है । इसकी कीमत 270 रु. है । इस मशीन में बीज की यान्त्रिक तौर पर मापने की व्यवस्था है । खाद हाथ से ही डलता है जिसके लिये एक फनल की व्यवस्था की गई है । इसकी सबसे बड़ी कमी यह है कि यह एक फाल का है । इस यंत्र से धान, रागी, गेहूँ, कुसुम, चना और अलसी बोकर देखी गई । यह हल बीज अंकुरण में और फसलों की पैदावार में बिखेर कर और केरा विधि द्वारा बुआई दोनों में अच्छा साबित हुआ ।

9. क्रीड़ा ड्रिल-हल– यह हल केन्द्रीय बारानी कृषि अनुसंधान संस्थान, हैदराबाद, पर 1992 में विकसित किया गया है । इस हल के निम्नलिखित हिस्से हैं:–

1. देशी हल
2. धानी बक्सा (होंपर बॉक्स)
3. रबड़ से बने विलोडकों सहित धुरी
4. ड्राईव्ह व्हील
5. मीटरिंग प्लेट
6. कवरिंग प्लेट
7. मुख्य ढाँचा (माऊंटिंग फ्रेम)

इन हिस्से-पुर्जों को चित्र-3 में दर्शाया गया है ।

यह यंत्र छिद्र और विलोडक कर आधारित है । इसमें रबड़ विलोडकों को निर्धारित माप के छिद्रों पर लगाया जाता है । धुरी को जमीन पर चलने वाले पहिये से चलाया जाता है । होंपर के अन्दर बीज डालकर विलोडक की सहायता से छिद्रों को विभिन्न प्रकार के बीजों के लिये निर्धारित किया जाता है ।

ड्रिल-हल के प्रयोग से जहाँ एक ओर दो मजदूरों, जिन्हें खूड़ में बीज और खाद डालने के लिए साथ रखना पड़ता था, की बचत होती है, वहीं दूसरी ओर किसानों को खूड़ बन्द करने के लिये भी खाली हल नहीं चलाना पड़ता । इस ड्रिल-हल का किसानों के

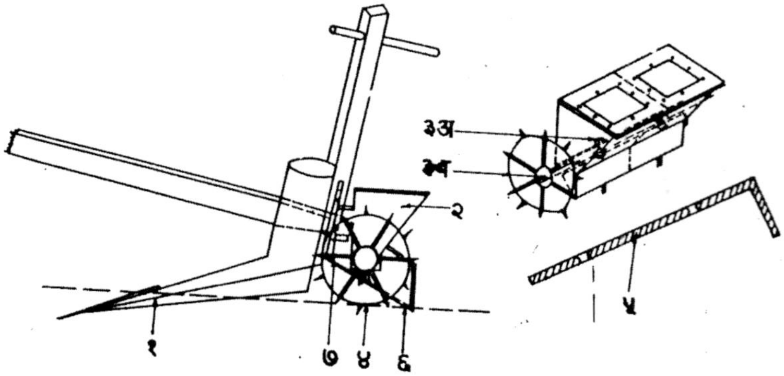

चित्र 3– व्यघ (ड्रिल) हल के संघटक

खेतों में खरीफ की फसल, 1992 के दौरान प्रयोग किया जा चुका है। किसानों के खेतों पर किये गये प्रयोगों में इस ड्रिल-हल के कार्योत्पादन का ब्यौरा तालिका 13.4 में दिया गया है।

किसानों द्वारा प्रयोग की जाने वाली विधि के मुकाबले ड्रिल के लाभ:—

1. ड्रिल-हल के प्रयोग से बीज और उर्वरक प्रचालन के दौरान दो मजदूरों की बचत होती है।
2. पुरानी विधि के मुकाबले दुगुना क्षेत्र (0.80 हैक्टेयर प्रतिदिन) में बिजाई होती है।
3. अनुकूलतम बीज की गहराई के कारण 100 प्रतिशत फुटाव होता है।
4. ड्रिल-हल के प्रयोग से 20 प्रतिशत अधिक तेजी से फसल की बढ़वार होती है।
5. खाद और उर्वरक डालने के लिये किसी प्रकार के यंत्रों की आवश्यकता नहीं।
6. इसे आसान कीमत (लगभग 400 रुपये) पर खरीदा या बनाया जा सकता है।
7. प्रति हेक्टेयर 47 कार्य घंटे और 9 बैलजोड़ी-घंटे की बचत होती है।
8. ड्रिल-हल के प्रयोग से प्रचालन लागत के दौरान 190/- रुपये प्रति हैक्टेयर की बचत होती है अर्थात् ड्रिल-हल पर किया गया खर्च एक ही मौसम में 2 हेक्टेयर कृषि भूमि से वसूल हो जाता है।

3. अन्तरा कृषि-संकाय यंत्र:—

विभिन्न केन्द्रों पर कई तरह के हाथ और बैलों से चलने वाले यंत्रों का उपयोग खरपतवार नियन्त्रण, निराई-गुड़ाई, जल-संरक्षण हेतु किया गया। बेलारी क्षेत्र पर अन्तरा कृषि-संकाय ब्लैड हैरो और स्वीपस सन् 1981-82 में परखा गया। दोनों में कोई अन्तर नहीं था। स्वीपस का फायदा यह है कि वे अपने आप साफ हो जाते हैं और ज्यादा क्षेत्रफल का आवरण कर सकते हैं। ब्लैड हैरो में अधिक परिवर्त्तस्थितिता है और खरपतवार नियंत्रण अच्छा करता है।

हैदराबाद केन्द्र ने दो अन्तरा कृषि-संकाय यंत्र विकसित किये हैं जो दो पंक्तियों वाला परिवर्तित ब्लैड हैरो और दो पंक्तियों वाली स्वीप अटेचमेंट के नाम से जाने जाते हैं। यह यंत्र किसान के एक पंक्ति वाले ब्लैड हैरो से 60 से 65 प्रतिशत अधिक कार्य-कुशल पाये गये (तालिका 13.5), पैदावार पर इन यंत्रों का कोई प्रभाव नहीं पड़ा। स्वीप प्रयोग करने का एक लाभ यह है कि वह खरपतवार नियंत्रण के अतिरिक्त हर पंक्ति पर एक छोटी मेंड़ भी बनाता जाता है।

हिसार केन्द्र पर एक बैल से चलने वाला ब्लैड ही विकसित किया गया। इस ब्लैड की चौड़ाई 30-35 सेन्टीमीटर है। खरपतवारों को जड़ से काटकर यह भूमि की सतह पर एक मिट्टी की हल्की सी छाया-वरण बनाता है।

वाराणसी केन्द्र पर एक मालवीया वैडी वीडर विकसित किया गया। जापानी वीडर और इस वीडर के कार्य में कोई विशेष अन्तर नहीं पाया गया।

तालिका **13.1** : विभिन्न मृदायों के लिये सर्वोत्तम उत्कषण विधि और यन्त्र

केन्द्र	मृदा की किस्म	विधि	यंत्र	फसलें
हैदराबाद	लाल, हल्की, वर्षा के बाद पपड़ी।	1 ट्रैक्टर चालित मोल्डबोर्ड हल से उसके पश्चात् एक 9 फाली वाला क्लटीवेटर से	मोल्डबोर्ड हल और क्लटीवेटर	ज्वार , अरणी
वाराणसी	जलोढ़	एक दफे ट्रैक्टर चालित आफसेट डिस्किंग + एक टेन्डम डिस्किंग	आफसेट डिस्कट और टेन्डम डिस्कर हैरो	जौ, मसूर
शोलापुर	काली, भारी	1 जुताई + 2 हैरोईगस अन्तरा कृषि संकार्य	हैरो	रबी, ज्वार
हिसार	रेतीली, हल्की	दो दफें देसी हल से या एक डिस्क हैरी।	डिस्क हैरो	खरीफ फसलें

तालिका **13.2** : उन्नतिशील और किसान के हल से बिजाई की गई ज्वार की पैदावार पर प्रभाव, हैदराबाद

बुआई तरीका	पैदावार (क्वि./ है.)	
	1980	1981
केरा विधि द्वारा बुआई	30.5	44.1
केस्पो हल द्वारा	33.3	57.4
देसी हल पर पोरा लगाकर	30.8	50.6

तालिका **13.3** : भिन्न भिन्न फसलों पर दो तरीकों से की गई बिजाई का पैदावार पर प्रभाव, वाराणसी

फसल (साल)	पैदावार (क्वि./प्रति है.)	
	केरा विधि से	मालवीया ड्रिल से
जौ (1980-81)	21.1	23.6
जौ (1982-83)	16.5	17.4
सरसों	9.8	11.5
धान	17.8	19.8
उर्द	6.2	6.6
चना x	6.3	7.3

x सूखा की बीमारी के कारणचने की पैदावार कम थी।

तालिका **13.4** : देसी हल व ड्रिल द्वारा बारानी ज्वार की बुवाई व उर्वरक प्रदान करना ।

मान	किसान की कार्य प्रणाली x	ड्रिल-हल
खेत (हैक्टेयर प्रतिदिन)	0.42	0.80
बीज रोपण की गहराई (से.मी)	10	5
बीज का अंकुरण (%) बुवाई के बाद के दिन		
7	20	100
14	60	100
23	60	100
बुवाई के २३ दिन बाद फसल की ऊंचाई (से.मी.)	11	14
बीज और उर्वरक के लिए मजदूरों की आवश्यक संख्या	3	1
श्रमिक घंटे प्रति हैक्टेयर	57	10
बैलों की जोड़ी के घंटे प्रति हैक्टेयर	19	10
प्रचालन की लागत(रूपये प्रति हैक्टेयर) xx	275	88

x बुवाई के बाद पाटे की सहायता से (जम्बो के नाम से प्रचलित) समतल करने के समय को मिला कर किसानों द्वारा अभ्यास

xx बैलों की जोड़ी प्रतिदिन = 50 रूपये, श्रमिक प्रतिदिन = 20 रूपये , और दिन 8 घण्टे ।

तालिका **13.5** : उन्नतिशील अन्तरा कृषि-संकार्य यंत्रों से समय की बचत और ज्वार की पैदावार पर प्रभाव, हैदराबाद (दो वर्षो का औसत) ।

यंत्र का नाम	एक जोड़ा बैल से कार्य करने में समय	समय की बचत प्रतिशित	पैदावार (क्वि./है.)
किसान का एक पंक्ति वाला ब्लैड हैरो	9.84	–	13.7
उन्नतिशील दो पंक्तियों वाला ब्लैड हैरो	6.12	60	14.1
उन्नतिशील दो पंक्ति वाली स्वीष	5.95	65	14.0

अध्याय— 14

भूमि के उपयोग की वैकल्पिक विधियाँ

1. वैकल्पिक विधियाँ क्यों ?

शुष्क क्षेत्रों की सभी भूमियाँ खेती करने योग्य नहीं है । उनमें काफी भूमियाँ सीमान्त है और उन पर उगाई गई फसलों की पैदावार बहुत कम होती है यहाँ तक कि कभी-कभी बोया हुआ बीज भी वापिस नहीं मिलता । ऐसी भूमियाँ सस्य-वन सम्बन्धी विधियों के लिए उत्तम हैं । फसल उगाने के अलावा जो विधियाँ पेड़, घास, फल, चारा इत्यादि उगाने के काम में लाई जाती हैं, उन्हें वैकल्पिक विधियों के नाम से जाना जाता है ।

आबादी बढ़ने से, खेती कृष्यखिल और सीमान्त भूमि पर बढ़ती जा रही है । ऐसा करने से भूमि कुछ ही दिनों में बंजर हो जायेगी । अनाज, चारा, ईंधन और लकड़ी की बढ़ती हुई माँग को पूरा करने के लिए यह आवश्यक है कि भूमि उपयोग की वैकल्पिक विधियाँ अपनाई जायें । ऐसी विधियों को जिनसे प्रति इकाई भूमि और जल से अधिक से अधिक जैविकी पदार्थ पैदा हों, अपनाने की आवश्यकता है । यह स्थिर और निरन्तर वार्षिक पैदावार और आय के लिये अति आवश्यक है ।

2. भूमि क्षमता के अनुसार भूमि का उपयोग—

भूमि उपयोग को उनकी क्षमता के अनुसार आठ भागों में बांटा गया है । भूमि उपयोग फसल पैदा करने के लिये, घास उगाने, वनस्थली, जंगली जीव-जंतु और विश्राम तथा अन्य कामों के हिसाब से बांटा गया है । शुष्क खेती के क्षेत्रों में अधिकतर क्लास iii और क्लास iv की भूमियाँ मिलती हैं जिन पर बारानी फसलें उगाई जाती हैं । इन भूमियों के ज्यादा सीमा बन्धन होते हैं, अपेक्षा क्लास i और क्लास ii भूमियों के । इन पर फसलों की पैदावार बहुत कम होती है । अच्छा तो यह होगा कि इन भूमियों पर भूमि उपयोग की सस्य-वन सम्बन्धी वैकल्पिक विधियाँ अपनाई जायें । क्लास v भूमियाँ घास उगाने, लकड़ी पैदा करने, वनोत्पाद वन-घास उत्पादन विधि अपनाने के काम में लाई जायें । क्लास vi केवल रेंजगि, लकड़ी पैदा करने और जंगली जीव-जन्तुओं के पालने के काम में लाई जायें ।

3. वैकल्पिक भूमि उपयोग के विकल्प—

भूमि उपयोग के विकल्प भूमि-क्षमता, वातावरण की स्थिति, घर की आवश्यकताओं, बाजार की जरूरतों इत्यादि कारकों पर निर्भर करेंगे । भारतीय शुष्क अनुसंधान केन्द्र और केन्द्रीय बारानी कृषि अनुसंधान संस्थान, हैदराबाद, 1981 से भूमि उपयोग की वैकल्पिक

विधियों के अनुसंधान में लगा है । वैकल्पिक भूमि उपयोग की अब कई विकल्प विधियाँ उपलब्ध है, जैसे—

1. कृषि-योग्य भूमि के लिए—

—सस्य-वन विधियों जैसे—एली क्रोपिंग, सस्य फल उत्पादन विधि, फल-चारण उत्पादन विधि, भूयाति-स्थिरक पेड़ों में अन्तरा-फसल उगाना ।

—ले-फार्मिंग ।

2. कृष्यखिल और सीमान्त भूमि के लिए—

—अनुवन विधि

—चारण/गोचर विधि

—वनवर्धनिक पशुपाल्य विधि

—टिमफिब (टिम्बर और फाईबर)

4. कृषि योग्य भूमि के लिए वैकल्पिक विधियाँ—

4.1 – एली क्रापिंग:– इस विधि में पेड़ों या झाड़ियों को वृतिपंक्ति के रूप में समीच्य रेखा पर या भूमि के ढाल के विरुद्ध सीधी पंक्तियों में लगाया जाता है और लाइनों के बीच में फसलें उगाई जाती हैं । फसल के मौसम के शुरू में और दौरान वृतिपंक्तियों को काट दिया जाता है ताकि ये प्रकाश और पौधों के पोषक तत्वों के लिए स्पर्धा न करें । जब लाइनों के बीच में फसलें नहीं होती तब वृतिपंक्तियों को बढ़ने दिया जाता है जिससे कि वे बीच की जगह को घेर लें ।

.एली-क्रापिंग की सफलता काष्टमय जाति के चयन पर, पंक्ति से पंक्ति की दूरी पर, उसकी काटी जाने वाली ऊँचाई और बारंवारता पर निर्भर करती है । भारत में ज्यादातर अन्वेषण ल्युसीना (Leucaena) जाति पर हुए हैं । इन अन्वेषणों के परिणाम नीचे दिये जा रहे हैं ।

(i) पंक्तियों की चौड़ाई:–जिन क्षेत्रों में वर्षा कम होती है, वहाँ पर वृतिपंक्तियों की चौड़ाई ज्यादा होगी । दो साल की आयु पर, यह देखा गया कि बाजरे की पैदावार कम होती गई जैसे-जैसे वृतिपंक्तियों की चौड़ाई कम होती गई । (तालिका 14.1)

जैसे एली की आयु बढ़ती गई, वैसे ही निकटतम चौड़ाई का प्रतिकूल असर बाजरे की पैदावार पर होने लगा और चौड़ी एली का असर स्थाई होने लगा । मौसम के दौरान वर्षा का भी फसल की पैदावार पर असर पड़ता है । बीजापुर केन्द्र पर यह देखा गया कि एली की आयु जब दो साल की थी, और उस साल वर्षा कम हुई, रबी ज्वार की पैदावार जो 3.6 मीटर थी और 6.6 मीटर चौड़ी एली में ली गई वह एकाकी फसल की क्रमश: 10 और 48 प्रतिशत थी । चा ाल की आयु पर जब वर्षा अच्छी थी, एली ज्वार की पैदावार एकाकी

फसल की 51 और 72 प्रतिशत थी ।

हैदराबाद केन्द्र पर किये गये परीक्षणों से ज्ञात हुआ कि 7.8 मीटर एली चौड़ाई 3.6 मीटर एली चौड़ाई के मुकाबले में अच्छी साबित हुई, क्योंकि फसलों की पैदावार पहली वाली चौड़ाई में 18 से 49 प्रतिशत घटी, जब कि बाद वाली चौड़ाई में 43 से 76 प्रतिशत तक घट गई ।

(ii) वृतिपंक्ति काटने की ऊँचाई:– काटने की ऊँचाई जितनी कम होगी, उतने ही प्रकाश, पानी और तत्वों के लिए स्पर्धा कम होगी । हैदराबाद केन्द्र पर यह देखने में आया है कि 15 सेन्टीमीटर की ऊँचाई से काटना ज्वार और बाजरे की पैदावार के लिए अधिक अच्छा साबित हुआ, मुकाबले 60 सेन्टीमीटर की ऊँचाई के ~ निचाई से काटने से स्थूल-प्ररोह की लम्बाई अधिक होती है । कभी-कभी ज्यादा निचाई से काटने से लकड़ी फट जाती है और उसमें कीड़े लगने का डर रहता है ।

(iii) वृतिपंक्ति के काटने की वारंवारता :– वारंवारता पेड़ की किस्म की बढ़ोतरी की दर पर निर्भर करेगी । जल्दी काटने से पेड़ मर भी सकते हैं । ज्यादा देर से काटने से वृतिपंक्तियाँ अधिक बढ़ जाती हैं और प्रकाश और जल के लिए स्पर्धा करती हैं ।

भारत में एक दफे एली फसल बोते समय और उसके पश्चात् महीने में एक बार वृतिपंक्ति काटना अच्छा साबित हुआ ।

(iv) छायावरण और उसका प्रभाव :– आक्लिन्न-उष्णदेशीय जलवायु में एली क्रापिंग का मुख्य उद्देश्य छांटी हुई डालियों को हरी खाद के रूप में प्रयोग करना है । भारत में इसका कोई खास फायदा दिखाई नहीं दिया, सिवाय एक दो जगहों पर । शोलापुर में छायावरण देने से ज्वार की पैदावार में बढ़ोतरी मिली ।

(v) भूमि और जल संरक्षण पर प्रभाव:– वृतिपंक्तियाँ भूमि के कटाव को रोकने में सहायक होती हैं और वे अपधाव को व्यर्थ बहने से रोकती हैं । एक परीक्षण में ल्युसिना ने अपधाव को 79 प्रतिशत और भूमि हानि को 78 प्रतिशत कम किया । एली क्रापिंग द्वारा भी ऐसे ही लाभ देखने में आये ।

(vi) एली क्रापिंग से लाभ:– हैदराबाद में किये गये अन्वेषणों से यह जानकारी मिली कि एली में उगाई गई ज्वार ने केवल ज्वार के मुकाबले दोगुनी पैदावार दी जबकि अरहर ने 7 गुनी आय दी । इसका अधिक भाग ल्युसिना को चारे के रूप में बेचने से प्राप्त हुआ ।

4.2 – सस्य फल उत्पादन विधि–

इस विधि में फलों के पेड़ लाइनों में लगाये जाते हैं और दो लाइनों के बीच में दाल वाली या कोई अन्य सब्जी वाली फसल उगाई जाती है । भारत में यह विधि अधिकतर बेर के साथ अपनाई गई है । शुरू के 5-6 साल तक बेर की लाइनों के बीच में खाली जगह रहती है । इस खाली जगह में फसल उत्पन्न करने से भूमि को अधिक उपयोगी बनाया जा

सकता है और अतिरिक्त लाभ भी लिया जा सकता है। बेर में हर साल डालियों को छाँटना भी पड़ता है जिससे प्रति वर्ष 5 किलो ईंधन की लकड़ी प्रति पौधा मिल जाती है। बेर की पत्तियाँ भी पोषणयुक्त होती हैं, जिनमें 12 प्रतिशत के करीब प्रोटीन होती है। हैदराबाद में बेर के साथ मूंग, ग्वार और कुल्थी की फसलें ली गई। 1986-87 में सबसे अधिक लाभ बेर-मूंग उगाने से और 1987-88 में बेर-कुल्थी उगाने से हुआ। जोधपुर में किये गये अन्वेषणों से मालूम हुआ कि बेर को 6 मीटर X 6 मीटर पर लगाने से क्रमश: प्रति वर्ष 2910 रुपये और 3270 रु. शुद्ध लाभ, 15 साल और 25 साल की अवधि मानने से हुआ।

इस विधि में, फलों को और फसलों जैसे शरीफा, आँवला, अमरूद, करोंदा, आम, जामुन और इमली, इत्यादि को भी लिया जा सकता है।

4.3 – फल-चारा उत्पादन विधि:–

इस विधि में फलों की फसलों की लाइनों के बीच में चारे वाली घास या फसल सैन्क्रस या स्टाइलो इत्यादि उगाई जाती हैं। लाईनों के बीच फसल उगाने से फलों की पैदावार पर कोई प्रतिकूल असर नहीं पड़ता और प्रति हैक्टेयर अधिक लाभ भी होता है।

4.4 – भूयाति-स्थिरक पेड़ों में अन्तरा फसल उगाना:–

शुष्क क्षेत्रों की भूमि में नाइट्रोजन की कमी पाई जाती है। कई पेड़ ऐसे हैं जो हवा से नाइट्रोजन लेकर भूमि में स्थिरिक करते हैं। ऐसे पेड़ों के नीचे फसल उगाने से फसल की या पेड़ों की पैदावार पर कोई प्रतिकूल असर नहीं पड़ता। राजस्थान में तो खेजड़ी (Prosopis cineraria) के नीचे उगी बाजरे की फसल अधिक पैदावार देती है।

हैदराबाद में एकेशिया एल्बीडा (Acacia albida) में जो 4 X 4 मीटर पर लगाया गया था, अन्तरा फसल उगाने से अरन्डी और ज्वार ने एकाकी फसल के मुकाबले क्रमश: 23 और 13 प्रतिशत पहली साल में अधिक पैदावार दी। प्रोसोपिस साईनेरेरिया (Prosopis cineraria) में भी अन्तरा फसल उगाने से पैदावार में कोई हानि नहीं हुई। एलबीजिया लेबेक (Albizia lebbek) में ज्वार की अन्तरा फसल उगाने से ज्वार की पैदावार पहले साल में घट गई और दूसरी साल में दोनों फसलों की पैदावार का ह्रास हुआ। इसका कारण एलबीज़िया के शीघ्र बढ़ने के कारण ज्वार की फसल में प्रकाश, पानी और पोषक तत्वों के लिये स्पर्धा था।

चार साल आयु के ल्युसीना (Leucaena) में जो 7.5 X 2.0 मीटर की दूरी पर बोया गया था, ज्वार और बाजरे की चारे की अन्तरा फसल ने शाखाकर्तन उपचार में 53 प्रतिशत अधिक फसल दी और बगैर शाखाकर्तन उपचार में पैदावार नहीं के बराबर थी।

उपरोक्त जानकारी से यह साबित होता है कि अन्तरा फसल भूयाति स्थिरक पेड़ों में उगाना तब ही लाभप्रद होता है जब भूयाति स्थिरक पेड़ धीरे बढ़ने वाले और अधिक फैलने वाले न हों। दूसरे उनका शाखाकर्तन ठीक ढंग से और ठीक समय होता रहे। एकेशिया एल्बीड़ा (Acacia albida) में एक खास बात यह है कि बरसात के मौसम में जब खरीफ

की फसल उगती होती है, यह अपनी पत्तियाँ झाड़ देता है जिससे फसल को प्रकाश की कोई कठिनाई नहीं होती। दूसरे, यह नाइट्रोजन और पेड़ों के मुकाबले अधिक स्थानान्तरण करता है। इसकी पत्तियों में भी 4 प्रतिशत के लगभग नाइट्रोजन होती है। अफ्रीका में इस जाति के पेड़ की वही मान्यता है जो खेजड़ी की राजस्थान में।

4.5 – ले-फार्मिंग:– यद्यपि ज्वार ने नाइट्रोजन को गाना है, फिर भी किशान इस फसल को नाइट्रोजन नहीं देते। इसका कारण नाइट्रोजन की अधिक कीमत होना है और दूसरे उर्वरक हर हालत में लाभप्रद सिद्ध होंगे, ऐसा किसान को भरोसा नहीं है। इसका एक सरल उपाय यह है कि खेत पर ही एक ऐसी चारे के लिए भूयाति-स्थिरक फसल 2-3 साल तक लगाई जाये और उसके पश्चात् उसी खेत में ज्वार की फसल ली जाये। ऐसा करने से भूमि में जीवांश पदार्थों की मात्रा बढ़ती है, फसल को अधिक नाइट्रोजन उपलब्ध होती है, मृदा संरचना में सुधार होता है और भूमि में वर्षा के पानी का निपावन भी भलीभांति होता है।

केन्द्रीय बारानी कृषि अनुसंधान संस्थान, हैदराबाद में किये गये चार साल के एक परीक्षण से पता चला कि ज्वार-अरन्डी – ज्वार अरन्डी के हेर-फेर में यदि स्टाईलो (Stylo) को एक से तीन वर्षों के लिए हेर-फेर में शामिल कर लिया जाये तो ज्वार की पैदावार कई गुना बढ़ जाती है। इस परीक्षण के मुख्य निष्कर्ष इस प्रकार हैं:–

1. स्टाइलो को चार साल के उपरोक्त हेर-फेर में दो तीन साल के लिए शामिल करने से भूमि में नाइट्रोजन की मात्रा 30-35 किलोग्राम प्रति हैक्टेयर बढ़ गई। इसके अतिरिक्त जीवांश पदार्थों की मात्रा में भी बढ़ोतरी हुई।
2. यह विधि तभी तक लाभप्रद है जब तक कि हेर-फेर में स्टाइलो को कम से कम दो-तीन साल के लिए शामिल किया जाये, क्योंकि स्टाईलो एक साल तो स्थापन में ही ले लेता है।
3. स्टाईलो को तीन साल हेर-फेर में शामिल करने के पश्चात्, ज्वार की पैदावार 39 क्विं. प्रति हैक्टेयर हुई, जबकि दो साल शामिल करने के पश्चात् 29 क्विं. प्रति है. हुई। अरन्डी-ज्वार–अरन्डी-ज्वार के चार साल वाले हेर-फेर में (बगैर स्टाइलो शामिल किये) ज्वार की पैदावार केवल 18 क्विं. प्रति हैक्टेयर हुई। स्टाइलो की अपनी पैदावार 2.9 टन, 5.9 टन और 4.1 टन प्रति हैक्टेयर कमशः पहली, दूसरी और तीसरी साल में हुई।
4. सबसे अधिक शुद्ध लाभ (15,769 रु. प्रति हैक्टेयर प्रति चार साल अवधि में) तब हुआ जब स्टाईलो को उपरोक्त हेर-फेर में तीन साल के लिए शामिल किया गया। दो साल और एक साल शामिल करने से शुद्ध लाभ क्रमशः 11,073 रु.। एक रुपया इस विधि पर खर्च करने से क्रमशः 7.15, 3.83 और 2.85 रु. तीन साल, दो साल और एक साल स्टाईलो शामिल करने से मिले।

5. कृष्यखिल भूमि और सीमान्त भूमि के लिए वैकल्पिक विधियाँ:–

5.1 – अनुवन:–

कृष्यखिल और सीमान्त भूमियों पर, अनुवन लगाना ही उचित होगा । अनुवन ऐसी जगहों पर किये जा सकते हैं जहाँ फसल पैदा करना संभव नहीं है । दोनों फसल और जानवरों सम्बन्धी कार्य शुष्क क्षेत्रों में कभी-कभी धोखा दे सकते हैं, खास तौर से जब सूखा पड़ता हो, बाढ़ आ जाती हो या विशेष बीमारी लग जाती हो ।

राजस्थान में सीमान्त भूमि पर किये गये परीक्षणों से ज्ञात हुआ है कि अनुवन द्वारा, सालाना फसल उगाने के मुकाबले में, अधिक लाभ उठाया जा सकता है । फसल पैदा करने से शुद्ध लाभ- 40 रु. से 30 रुपया प्रति है. हुआ, जबकि अनुवन से 360 रु. से 3270 रु. प्रति है. शुद्ध लाभ मिला । छोटी कटाई की साईकिल में (6-8 साल) ल्युसीना के उगाने से सबसे अधिक लाभ (2080 रु. प्रति हैक्टेयर प्रति वर्ष) हुआ, जबकि प्रोसोपिस जुलीफ्लोरा से 950 रु. और एकेशिया टोरटिल्स । दूसरी जातियों की जैसे प्रोसोपिस साईनेरेरिया, जिजीफस, एकेशिया लेबेक, की कटाई की साईकिल 15 साल है । सबसे ज्यादा लाभ (3270 रु. प्रति है. प्रति वर्ष) कलम चढ़ाये हुए बेर से हुआ जिसकी कटाई की साईकिल 25 साल है ।

इसके अतिरिक्त उपरोक्त अनुवन लगाने से चारे की समस्या भी बहुत कुछ हद तक सुलझ जाती है क्योंकि इन वृक्षों की टहनियाँ चारे के काम में लाई जा सकती हैं । एकेशिया टोरटिलिस में 12 प्रतिशत, एकेशिया लेबेक में 29 प्रतिशत, प्रोसोपिस साईनेरेरिया में 14 प्रतिशत, ज़िजीफस में 12 प्रतिशत और ल्युसीना में 27-34 प्रतिशत क्रूड प्रोटीन होती है ।

अनुवन से और भी अनदेखे फायदे हैं । भूमि और जल संरक्षण और जलवायु की असमानता को कम करना, इनमें उल्लेखनीय है ।

5.2– चारण-गोचर विधि:–

यह विधि कम वर्षा वाले क्षेत्रों और कम पैदावार वाली भूमियों के लिए उपयुक्त है । इसके लिए यह आवश्यक है कि घास और शमीधान्य गोचर फसलों की किस्मों का चयन सही प्रकार किया जाये । हैदराबाद में 12 घास की किस्मों पर अन्वेषण किये गये । पता चला कि सैनक्रससिलियरिस इनमें सर्वश्रेष्ठ है । इसने 4.7 टन प्रति वर्ष प्रति हैक्टेयर सूखे पदार्थ की मात्रा दी जिसमें क्रूड प्रोटीन की मात्रा 6.1 प्रतिशत थी । 15 शमीधान्य गोचर जातियों में, स्टाईलोज़ेन्थस हमाटा (Stylosanthes hamata) की पैदावार सबसे ज्यादा (3-5 टन प्रति वर्ष प्रति हैक्टेयर) मिली ।

सैन्क्रस को लगाने के लिये रूट-सिल्पिस उपयोग में लाई जाएँ । लाइन से लाइन का फासला 50 सेन्टमीटर X 50 सेन्टीमीटर हो । स्टाईलों के लिए पहली साल में 50 किलो फॉस्फोरस प्रति है. देना अनिवार्य है । ऐसा करने से घास की पैदावार 120 से 260 प्रतिशत तक बढ़ जाती है ।

हैदराबाद में किये गये अन्वेषण से पता लगा कि एक अच्छा चरागाह जिसमें उन्नतिशील घासें शमीधान्य गोचर फसलें लगी हों (सैन्क्रस, स्टाईलो, इत्यादि) (6 मेडें प्रतिवर्ष लगातार चराई विधि से पाली जा सकती है। देसी चरागाह के मुकाबले एक उन्नतशील चरागाह पर पले हुए भेड़ों का वजन और बच्चे पैदा करने की क्षमता अधिक होती है।

5.3– वनवर्धनिक-पशुपाल्य विधि:–

यह विधि कम लागत वाली है। इससे न केवल चारा उपलब्ध होता है वरन् ईंधन की लकड़ी और अन्य पदार्थ भी। इस विधि में चारे वाले पेड़ों के नीचे चारे वाली फसलें पैदा की जाती हैं। हैदराबाद में किये गये एक परीक्षण में, जिसमें ल्युसीना के साथ स्टाईलो या सैन्क्रस उगाया गया, प्रति हैक्टेयर सूखे पदार्थ की अधिक पैदावार मिली। ल्युसीना, सैन्क्रस और स्टाईलो ने क्रमश: 5 टन और 4.2 टन प्रति हैक्टेयर प्रति वर्ष पैदावार दी। झांसी में किये अन्वेषण से पता चला कि हार्डविकिया बिनाटा और एलबीज़िया अमारा जब वनवर्धनिक-पशुपाल्य विधि में लिए गए, तो हार्डविकिया की बढ़ोतरी में कोई अन्तर नहीं मिला, जबकि एलबीज़िया अमारा की बढ़वार घास के साथ लेने से कम हो गई। यह देखा गया कि घांस और शमीधान्य की घास पास की पैदावार हमेशा ज्यादा मिली, बनिस्पत घास या शमीधान्य की एकाएक फसल से।

5.4– टिमफिब विधि:–

इस प्रणाली में टिम्बर और फाईबर वाले पेड़ पौधे एक ही खेत में साथ-साथ उगाये जाते हैं। यह प्रणाली 500-600 मिलीमीटर सालाना वर्षा वाले क्षेत्रों के लिये, जहाँ उथली और मध्यम मृदायें पाई जाती हो सर्वोत्तम है। इस विधि में ल्युसीना को 2 मी.X 2 मी. के फासले पर लगाया जाता है और लाइनों के बीच में सीसल (Agave) को लगा दिया जाता है। ल्युसीना का कोई अवरोधी असर अगेव की बढ़वार पर देखने में नहीं आया। यह प्रणाली बीजापुर और राहूरी जैसे शुष्क क्षेत्रों के लिए उपयुक्त है। इस विधि से सालाना आमदनी 2700 रुपये प्रति हैक्टेयर तक मिल जाती है।

सीसल रेशे की पैदावार 189 किलोग्राम प्रति हैक्टेयर से 516 किलोग्राम बढ़ गई जब प्रति हैक्टेयर सीसल के पौधों की संख्या 2500 से 10,000 कर दी गई। सीसल का एक पौधा 7-8 साल की अपनी अवधि में 250-300 पक्तियाँ पैदा करता है जिससे 27-35 किलो रेशा मिलता है। सीसल रेशा बहुत मजबूत होता है।

6. सामाजिक स्वीकार्यता:–

भूमि उपयोग की वैकल्पिक विधियों की सामाजिक स्वीकार्यता जैवी-प्राकृतिक, सामाजार्थिक, सांस्कृतिक कारकों पर निर्भर करेगा। सामाजार्थिक कारणों में, भू-धृति पद्धति, आबादी का दबाव और पेड़ और उससे मिलने वाली विभिन्न वस्तुओं की विपण्यता मुख्य हैं। एक बात सच है कि किसान नई और आसानी से अपनाई जाने वाली प्रौद्योगिकी से

प्रभावित होते हैं, साथ में वह प्रौद्योगिकी लाभप्रद भी होनी चाहिये ।

ऐसी प्रौद्योगिकी जिसमें लकड़ी और चारे के साथ-साथ अनाज भी पर्याप्त मात्रा में मिले, आसानी से अपनाई जा सकती है । एलीक्रापिंग प्रणाली जब तक स्वीकार नहीं होगी तब तक एली फसल की पैदावार बहुत घटती रहेगी और पेड़ों की पत्तियों और लकड़ियों के बेचने की सुविधा न होगी । किसान अपनी भूमि का सुधार तब ही करेगा जब उसे भू-धृति पद्धति पर पूरा भरोसा न होगा और जब तक वह अपनी इच्छानुसार पौधे लगा न पायेगा, काट न पायेगा और बेच न पायेगा ।

तालिका– **14.1** : एली चौड़ाई का बाजरे की पैदावार पर प्रभाव

केन्द्र	एली चौड़ाई (मीटर)	मौसम की वर्षा (मि.मी.)	पैदावार (टन प्रति है.)		एली/एकाकी अनुपात (प्र.श.)
			एकाकी	एली फसल	
अनन्तपुर	2	326	0.24	0.10	40
कोविलपट्टी	3	396	0.73	0.59	81
हैदराबाद	3.6	190	1.31	0.89	68
अनन्तपुर	4	326	0.24	0.18	75
कोविलपट्टी	6	396	0.73	0.65	89
हैदराबाद	7.8	190	1.31	1.22	93

अध्याय– 15

उन्नत तकनीकों का आर्थिक विश्लेषण

शुष्क क्षेत्रों से अधिक पैदावार लेने के लिए उन्नत तकनीकों का अपनाना आवश्यक है। अच्छा बीज, उन्नतशील ढंग से ठीक समय पर बुआई, पौधों की उचित संख्या प्रति भूमि इकाई में, ठीक ढंग से और समय पर खरपतवार नियन्त्रण, खाद और उर्वरक का उचित उपयोग, बीमारियों और कीटों का नियंत्रण, किसी भी फसल के लिए एक उन्नतशील संवेष्टन है। शुष्क क्षेत्रों के लिए भूमि और जल संरक्षण किसी भी संवेष्टन का एक अभिन्न अंग है। भारतीय शुष्क खेती अन्वेषण केन्द्रों पर सस्योत्पादन की नई विधियाँ विकसित की गई हैं जिनके द्वारा भूमि की सस्य-क्षमता बढ़ाई जा सकती है और एक ही मौसम और खेत में दो या दो से अधिक फसलें पैदा की जा सकती हैं। अधिक वर्षा वाले क्षेत्रों में बारानी भूमि को दो फसली बनाया जा सकता है।

पिछले कुछ वर्षों से सस्य-वानिकि विधियों पर अनुसंधान कार्य किये गये हैं और उनका आर्थिक विश्लेषण किया गया है। इसके अतिरिक्त शुष्क जल-गृह क्षेत्रों में कार्य हुआ है और उनके सम्बन्धित आर्थिक विश्लेषण किये गये हैं।

1. उन्नतशील प्रक्रिया और उनके संवेष्टन का आर्थिक विश्लेषण:–

प्रत्येक फसल में संवेष्टन अपनाना लाभकारी सिद्ध हुआ है, बनिस्पत एक ही उन्नतशील प्रक्रिया अपनाने के हर फसल में, सिवाय बाजरे के, केवल उन्नतिशील बीज अपनाने से ही, लाभ मिला। उन्नतशील बीज के साथ-साथ अगर खरपतवार नियन्त्रण किया जाये और उर्वरक की उचित मात्रा दी जाये तो लाभ और भी बढ़ जाता है।

उन्नतिशील प्रक्रिया के साथ किसानों के खेतों पर बड़े पैमाने पर (0.40 हैक्टेयर प्लाट) परीक्षण प्रदर्शन किये गये और उनके खर्चे और और आय का हिसाब रखा गया। कन्ट्रोल प्लाट के लिए उसी किसान के खेत पर एक प्लोट छांटा गया जिसमें किसान ने अपने ढंग से फसल को उगाया। यह परीक्षण 1976-1980 में किये गये। कुल परीक्षण, सब फसलों को मिलाकर, 3250 थे।

खर्चे का हिसाब लगाने के लिए, उसी क्षेत्र की जिसमें परीक्षण किये गये थे, पुरुष और बैलों की रोजाना दहाड़ी लगाई गई जो क्षेत्र में प्रचलित थी। ट्रैक्टर की लागत इस क्षेत्र की ठेके वाली रेट पर लगाई गई। बीज, उर्वरक, कीटनाशक दवाएँ किसान को मुफ्त दी गईं, लेकिन उनकी कीमत बाजार भाव से (भाड़े का खर्चा मिला कर) लगाई गई। इसी प्रकार गोबर खाद की कीमत भी बाजार भाव पर लगायी गई। इन खर्चों पर 14 प्रतिशत सूद लगाया

गया । भूमि का लगान भूमि की प्रचलित कीमत का 2.5 प्रतिशत लगाया गया । इन सबको मिला कर कुल खर्चा निकाला गया ।

इसी प्रकार फसल काटते समय प्रचलित बाजार भाव पर फसल की पैदावार (दाना+चारा) प्रति हैक्टेयर के हिसाब से आंकी गई और कीमत निकाली गई ।

उन्नतशील प्रक्रिया जो अपनाई गई, वे थीं— संकर बीज या अधिक पैदावार देने वाली किस्म, उर्वरक की उचित मात्रा, ठीक समय पर बुआई और पौधों की प्रति भूमि इकाई, उचित संख्या, उन्नतशील प्रबन्ध सम्बन्धी विधियाँ, समय पर निराई-गुड़ाई, दक्षिण में रबी फसलों की अगेती बुआई इत्यादि ।

उन्नतशील ढंग से फसल उगाने से औसतन, अनाज की फसलों की 92.7 प्रतिशत, दलहनी फसलों की 84.2 प्रतिशत और तिलहन फसलों की 71.4 प्रतिशत अधिक पैदावार मिली । औसतन खर्चा क्रमश: 1022, 663 और 744 रु. प्रति हैक्टेयर था । करीब-करीब 360 रु. अतिरिक्त खर्चा अनाज वाली फसलों पर, 230 रु. दलहन वाली फसलों पर और तिलहन फसलों पर 315 रु. प्रति हैक्टेयर हुआ ।

एक रुपया खर्च करने पर शुद्ध लाभ की प्राप्ति इस प्रकार थी:—

1.	खरीफ की अनाज वाली फसलें	1.20
2.	रबी की अनाज वाली फसलें	2.70
3.	बाजरा	0.62
4.	चना	1.66
5.	अरहर	2.23
6.	मूँगफली	0.67
7.	सरसों	1.60

उन्नतशील ढंग से खेती करने से कुल खर्चा, अतिरिक्त खर्चा और शुद्ध लाभ तालिका 15.1 में दिया गया है ।

पैदावार बढ़ाने में हर उन्नतशील विधि/कारक का योगदान 100 मी^{2} प्लोटों में 1976-80 में 7 केन्द्रों पर देखा गया । उनसे प्राप्त जानकारी निम्नलिखित है :—

(क) बीज:— बीज किसी भी उन्नतशील कृषि प्रणाली का एक अटूट अंग है । देशी बीज के मुकाबले उन्नतशील संकर बीज ने सभी जगह अधिक पैदावार दी है । यह औसत बढ़ोतरी देशी प्रणाली के ऊपर 44 प्रतिशत अधिक थी । उन्नतशील बीज उर्वरक देने से और भी ज्यादा पैदावार (97 प्रतिशत) देते हैं । उर्वरक के मुकाबले, बीज की कीमत कम है ।

(ख) खरपतवार नियंत्रण:— उन्नतशील ढंग से खरपतवार नियंत्रण अधिक लाभकारी (14 प्रतिशत अधिक पैदावार) साबित हुआ । उन्नतशील विधि में लोगों को भी अधिक रोजी मिलती है । उन्नतशील फसलों की किस्में, देसी किस्मों के मुकाबले उन्नतशील निराई-गुड़ाई को

अधिक मानती हैं ।

(ग) उर्वरक:— उर्वरक देने से फसलों की पैदावार औसतन 50 प्रतिशत तक बढ़ाई जा सकती है । देसी किस्मों के मुकाबले, उन्नतशील किस्में उर्वरक देने से अधिक पैदावार और लाभ देती हैं । उर्वरक उन्नतिशील संवेष्टन की सबसे खर्चीली (45 से 80 प्रतिशत) प्रणाली है, और सबसे अधिक लाभप्रद भी ।

(घ) उर्वरक और खरपतवार नियन्त्रण:— उर्वरक के साथ खरपतवार नियन्त्रण से अधिक लाभ मिला । यह लाभ उन्नतिशील फसलों की जातियों में और भी अधिक मिला ।

इस अध्ययन से यह विदित हुआ कि फसल की अच्छी व्यवस्था से 14 प्रतिशत, उन्नतशील बीज से 40 प्रतिशत, उर्वरक से 50 प्रतिशत, अच्छे बीज+उर्वरक से 95 प्रतिशत तथा तीनों (बीज, उर्वरक और व्यवस्था) को मिला कर 130 प्रतिशत तक किसान की विधि के ऊपर पैदावार में बढ़ोतरी प्राप्त की जा सकती है ।

2. फसलों की उन्नतिशील जातियाँ:—

उन्नतशील जातियाँ उगाने से खर्चे और लाभ सम्बन्धी अन्वेषण जोधपुर, हिसार, शोलापुर, हैदराबाद, बैंगलोर, अकोला, वाराणसी केन्द्रों पर किये गये। जोधपुर केन्द्र पर S-8 मूँग (उन्नतशील किस्म) ने 10.3 क्वि.प्रति हैक्टेयर पैदावार दी जब कि देसी मूँग ने 8.9 क्क्व. प्रति हैक्टेयर दी । उनके पैदा करने में 553 और 676 रु. क्रमशः खर्च हुए और कुल आय 2790 और 2412 रुपये प्रति हैक्टेयर प्राप्त हुई । शुद्ध लाभ S-8 मूँग उगाने से 2237 रु. और देसी मूँग से 1736 रु. प्रति हैक्टेयर हुआ । हिसार केन्द्र पर एच-208 चने की उन्नतशील किस्म उगाने से हालांकि 248 रु. प्रति हैक्टेयर देसी चने की किस्म से अधिक खर्च हुए, लेकिन शुद्ध लाभ 767 रु. प्रति हैक्टेयर अधिक हुआ । शोलापुर केन्द्र पर कुसुम की देसी जाति उगाने के मुकाबले उन्नतिशील जाति (S-4) ने 621 रु. प्रति हैक्टेयर अधिक शुद्ध लाभ दिया । इसी प्रकार सभी केन्द्रों पर उन्नतिशील जातियाँ उगाने से अधिक लाभ प्राप्त हुआ ।

3. शुष्क क्षेत्रों में उर्वरक का उपयोग:—

हैदराबाद केन्द्र पर यह देखा गया कि संकर ज्वार को 40 किलो नत्रजन और 30 किलो फॉस्फोरस प्रति हैक्टेयर देने से ज्वार के दानों की पैदावार में 2 से 13 क्वि.प्रति हैक्टेयर अधिक उपलब्धि मिली । दो सौ रुपये उर्वरक पर अधिक खर्च करने से 800 रु. प्रति हैक्टेयर का शुद्ध लाभ प्राप्त हो सकता है । बगैर उर्वरक के तो संकर बीज की कीमत वापिस मिलना ही मुश्किल था ।

अकोला केन्द्र पर ज्वार की फसल में 30 किलो नाइट्रोजन प्रति हैक्टेयर देने से, अतिरिक्त खर्चा भी वापिस नहीं मिला । नाइट्रोजन की पूरी मात्रा (60 किलो प्रति हैक्टेयर)

देने से प्रभावशाली लाभ प्राप्त हुआ । वाराणसी केन्द्र पर गेहूँ को 40 किलो नाइट्रोजन प्रति हैक्टेयर देने से 9 क्वि. प्रति हैक्टेयर अतिरिक्त पैदावार मिली, जिससे उर्वरक पर किया हुआ खर्चा आसानी से निकल आया । चने की फसल में 19 किलो नाइट्रोजन और 25 किलो फॉस्फोरस प्रति हैक्टेयर देने से, बगैर उर्वरक वाली फसल के मुकाबले, दुगुनी पैदावार प्राप्त हुई ।

4. एकाकी फसल के मुकाबले अन्तराल फसल से लाभः—

अन्तराल फसल लेने से भूमि, पानी, सूरज की गर्मी, पौष्टिक तत्वों का पूरी तरह से सदुपयोग किया जा सकता है । अन्तराल विधि से आय भी स्थिर रहती है और किसी फसल के फेल होने का खतरा भी कम हो जाता है । इस प्रणाली को अपनाने से प्रति हैक्टेयर अतिरिक्त खर्चा 25 रु. से 139 रु. बढ़ जाता है और अतिरिक्त लाभ 205 रु. से 795 रु. प्रति हैक्टेयर होता है । इस विधि से अधिक लोगों को काम भी मिल जाता है ।

उदयपुर केन्द्र पर ज्वार+अरहर की मिली-जुली फसल लेने से लाभ-खर्च का अनुपात 17.20 तक उपलब्ध हुआ । ज्वार+बाजरा लेने से लाभ-खर्च का अनुपात 14.32 से लेकर 26.33 तक मिला ।

एक साल में दो फसल (खरीफ और रबी) लेने से प्रति हैक्टेयर लागत तो अधिक आती है परन्तु शुद्ध लाभ एकाकी फसल से दो-तीन गुना ज्यादा मिलता है । मूँग-चना और मूँग-अरहर अकोला केन्द्र पर उगाने से अतिरिक्त खर्चा क्रमशः 437 और 215 रु. प्रति हैक्टेयर था जबकि शुद्ध लाभ 1004 रु. और 1021 रु. हुआ ।

5. वैकल्पिक विधियों का आर्थिक विश्लेषणः—

वैकल्पिक विधियों का जैसे भेड़ और बकरी पालन, चरागाह लगाना तथा विभिन्न प्रकार से पेड़ लगाना इत्यादि का आर्थिक अध्ययन काजरी, जोधपुर में किया गया, जिसके कुछ आंकड़े तालिका 15.2 में दिये गये हैं । तालिका देखने से पता चलता है कि उन्नतिशील ढंग से फसल पैदा करने में आय-खर्च का अनुपात 0.73 से 4.36 रहा, सबसे ज्यादा मूँग में और उसके बाद क्रमशः तिल, सरसों, अरन्डी, बाजरा, मोठ और ग्वार में रहा । बकरी पालना भेड़ पालने से अधिक लाभप्रद सिद्ध हुआ । भेड़ पालने में अतिरिक्त आय प्रति हैक्टेयर बकरी पालने से ज्यादा थी, परन्तु शुद्ध आय बकरी पालन की आधी थी ।

चरागाह (मिश्रित उन्नतिशील घासें) में करीब 3000 रु. प्रति हैक्टेयर की अतिरिक्त लागत आती है और अतिरिक्त आय करीब 5000 रु. प्रति हैक्टेयर मिलती है । इस तरह करीब 2000 रु. शुद्ध आय मिल जाती है । आय-खर्चे का अनुपात 1.65 होता है । इसके मुकाबले बेर का बाग लगाने से खर्चा घास लगाने से तीन गुना और आय करीब 12-13 गुनी मिली ।

पेड़ों में सबसे लाभदायक पेड़ युकेलिप्टस साबित हुआ । इसके लगाने से आय-खर्चे

का अनुपात 8.93 रहा, जबकि और पेड़ों का अनुपात 2 से 2.64 के बीच में रहा।

दस हैक्टेयर भूमि पर वानि चरण विधि द्वारा मिश्रित घासें लगाने की लागत तालिका 15.3 में दी गई है। पहले साल में 950 रु. और दूसरे साल में 400 रु. लागत आती है। इसके बाद हर साल करीब 300 रु. खर्च होते रहेंगे।

6. सस्य-वानिकी प्रणालियों का आर्थिक विश्लेषण:—

सस्य-वानिकी प्रणालियों का आर्थिक विश्लेषण कई केन्द्रों पर किया गया है जिनमें बैंगलोर और हैदराबाद मुख्य हैं। इन दो केन्द्रों पर किये विश्लेषणों का ब्यौरा तालिका 15.4 में दिया गया है।

7. जल-गृह क्षेत्रों का आर्थिक विश्लेषण:—

एक सामान्य जल-गृह क्षेत्र में कई कार्य होते हैं जैसे— उन्नतिशील ढंग से फसल करना, भू-एवं जल संरक्षण सम्बन्धी कार्य तथा वैकल्पिक भूमि उपयोग, इत्यादि। इसके अतिरिक्त मवेशी/मछली पालन, और अन्य कृषि सम्बन्धी धन्धे। पूरे जल-गृह क्षेत्र का खर्चे और आय का ठीक-ठीक अनुमान लगाना मुश्किल है, क्योंकि जल-गृह क्षेत्र में बहुत से किसान होते हैं और इन कार्यों का हिसाब नहीं रखते। फिर भी, बहुत से जल-गृह क्षेत्रों का आर्थिक विश्लेषण किया गया है जिसके अनुमानित आंकड़े तालिका 15.5 में दिये गये हैं। यह फकोट (उत्तर प्रदेश) जलगृह क्षेत्र से सम्बन्धित है।

पूरे जल-गृह क्षेत्र (370 है.) का विकास करने में 1975-82 के दौरान कुल 2,42,110 रु. का खर्चा आया। इस खर्चे में ओवर हैड और लोगों के वेतन शामिल नहीं हैं। इससे 21,000 रु. प्रति वर्ष आमदनी के साधन बने और उसके अतिरिक्त 2600 और 2200 लाभप्रद ईंधन और फलों के वृक्ष भी जल-गृह में लगाये गये जो आगे चल कर आमदनी बढ़ा सके। जल-गृह क्षेत्र में इन कार्यों के करने से 1800 अतिरिक्त आदमियों को रोजगार मिलेगा।

चित्र दुर्गा (कर्नाटका) जल-गृह क्षेत्र (313.65 है.) पर कुल 4,52,430 रु. खर्च हुए, जिसमें 1,28,050 रु. भू-संरक्षण कार्य में, 1,35,400 रु. पेड़ों और चरागाह के विकास में, 1,28,980 रु. फसल सुधार में, और 60,000 रु. पशु पालन मद में थे। औसत खर्चा 1300 रु. प्रति हैक्टेयर आया। पैदावार 185 से 250 प्रतिशत बढ़ गई। आय-खर्चे का अनुपात 1.82 : 1 था।

बूंगा (हरियाणा) जल-गृह क्षेत्र में 9,30,000 रु. एक जल संग्रह (60 हैक्टेयर- मीटर) बनाया गया। प्रति कुबिक मीटर जल संग्रह पर 2.75 रु. खर्चा आया।

तालिका — **15.1** : अतिरिक्त खर्चा और शुद्ध लाभ

फसल	कुल खर्चा (रु./है.)	अतिरिक्त खर्चा (रु. प्रति है.) औसत	शुद्ध लाभ प्रति रु. खर्च करने पर (औसत)
(क) अनाज वाली फसलें			
धान	1252	528	0.92
गैहूँ	1077	410	1.63
मक्का	1514	293	0.33
खरीफ ज्वार	943	400	1.23
रबी ज्वार	487	284	1.39
बाजरा	668	328	0.62
रागी	1213	263	0.36
(ख) दलहनी फसलें			
मूँग	543	245	1.58
चना	965	328	1.66
अरहर	545	190	2.23
उड़द	725	232	0.62
ग्वार	535	160	0.47
(ग) तिलहन फसलें			
मूँगफली	1050	292	0.67
सरसों	851	507	1.60
कुसुम	536	251	1.09
तिल	508	208	1.94

तालिका—**15.2** : विभिन्न वैकल्पिक विधियों का आर्थिक विश्लेषण 1981, राजस्थान

फसलें	अतिरिक्त लागत (रु. है.)	अतिरिक्त आय (रु. है.)	शुद्ध लाभ (रुपये)	आय-खर्चे का अनुपात
1. सस्य फसलें x (उन्नतिशील ढंग से)				
बाजरा	502	1,772	907	1.79
ग्वार	859	987	नेगेटिव	0.75
मोठ	779	1,759	842	1.63
मूँग	446	4,005	3705	4.36

तिल	502	2,363	3326	3.80
सरसों	428	3,883	1780	2.41
अरन्डी	601	1,127	1914	2.31
2. भेड़ एवं बकरी पालन (संख्या = 100)				
	कुल खर्चा	कुल आय		
भेड़	39,168	38,025	857	1.02
बकरी	32,514	32,525	17811	1.55
3.चरागाह X (एक हैक्टेयर)	3,038	5,000	1962	1.65
4. बेर (एक है.)	10,933	77,266	—	2.58
5. पेड़ों से x				
1. एकेशिया टोरटिलिस[1]	2,979	13,816	—	1.94
2. एकेशिया लेबेक[2]	2,977	16,230	—	2.19
3. प्रोसोपिस-साइनेरेरिया[3]	4,056	28,402	—	2.64
4. युकेलिप्टस[4]	3,215	10,756	—	8.93
5. प्रोसोपिस जुलिफ्लोरा[5]	880	3,419	—	2.36

नोट :— x औसत वर्षा वाली साल में
— कुल खर्चा = स्थिर लागत + अस्थिर लागत
= कुल आय = बेचने से, दूध, माँस से, ऊन से इत्यादि ।
1. 2. 3. 4. 5. = पेड़ काटने की अवधि 1, 2, 3, 4, 5 पेड़ की क्रमशः 8, 11, 30,106 साल

तालिका — 15.3 : 10 हैक्टेयर भूमि पर वानिकी-चारण विधि से मिश्रित घासें उगाने की लागत, राजस्थान में

वर्णन	वर्ष					
	1	2	3	4	5	6
1. बीज, 5 किलो प्रति है.	250	—	—	—	—	—
2. लाइन में बिजाई	400	—	—	—	—	—
3. दूसरी साल में फिर से बिजाई—						
1. बीज 1.5 किलो प्रति हैक्टेयर	—	75	—	—	—	—
2. मजदूर 0.5 मैनडेस प्रति है.	—	25	—	—	—	—
4. कटाई 6 मजदूर प्रति है.	300	300	300	300	300	300
कुल योग	950	400	300	300	300	300

तालिका — **15.4 :** सस्य-वानिकी विधियों का आर्थिक विश्लेषण, बैंगलोर और हैदराबाद केन्द्रों पर

विधि	अवधि (वर्षों में)	वार्षिकी अर्हा	लाभ-खर्चा अनुपात
बैंगलोर केन्द्र			
सस्य फसल—रागी	वार्षिक	1095	1.53
एकान्वेक —केसुयरिना (Casuarina)	10	3000	11.08
— यूकेलिप्टस (Eucaliptus)	10	1741	18.50
हैदराबाद केन्द्र			
सस्य फसल—			
ज्वार	वार्षिक	683	1.39
अरन्डी	”	575	1.24
ज्वार + अरन्डी	”	1373	1.72
एकान्वेक, एकेशिया टोरटिलस + (Acacia tortalis)			
ज्वार या कुल्थी	10	1117	1.73
बेर + ज्वार / अरन्डी (Zizyphus)	30	17881	5.78
सुबबूल + स्टाईलो (Leucaena)+ (Stylo)	10	1115	2.56
सुबबूल + ज्वार / अरन्डी (Leucaena)	10	1204	1.80

दोनों केन्द्रों पर एकान्वेक विधि एकाकी सस्य फसल से अधिक लाभकारी सिद्ध हुई।

तालिका — **15.5 :** ओ.आर.पी. फकोट जल-गृह क्षेत्र पर **1975-82** की अवधि में विकास कार्य पर खर्चे और उत्पन्न संसाधन से हुए फायदे

क्र.सं.	विवरण	कार्य की मात्रा	कुल खर्चा (रुपये)	अतिरिक्त सालाना आय (रुपये)	सेवायुक्ति जनन
1.	**जल संसाधनों का विकास**				
	(क) नई गूल	2112 मी.	31,680	—	2640x
	(ख) तालाब	149.6 मी^{3}.	44,880	—	3740x

2.	**बैंच टीरेसिस**	1.5 है.	14,950	—	2490x
3.	**फसलों का सुधार**				
	रबी	23 है.	36,545	16,315	690
	खरीफ	39 है.	—	—	1170
	सब्जियाँ	1.8 है.	12,000	500	—
4.	**बगैर खेती वाली भूमि का सुधार**				
	अ. ईंधन और चारा	11.9 है.	40,426	4,040	1995x
	ब. बगीचे	9.5 है.	16,150	—	
5.	**अन्य कार्य**				
	अ. ट्रेल भू-कटाव नियंत्रण	4.6 कि.मी.	4,600	—	575
	ब. सड़क के सहारे भू-कटाव नियंत्रण	8600 मी^{2}	8,600	—	860
	स. हाईड्रोलिक गेजिंग स्टेशन	3	25,000	—	

कुल खर्चा — 2,42,110 रु.
कुल आय — 22,355 रु.
सेवायुक्ति जनन — 18,119 रु.

नोट :— x इनमें किसान की दी हुई मजदूरी भी शामिल है ।

अध्याय– 16

भविष्य में अनुसंधान के लिये आवश्यक दिशायें

1. योधननीति:--

बारानी क्षेत्रों की उत्पादिता बढ़ाना अत्यन्त आवश्यक है । ये क्षेत्र हैं जिनसे बढ़ती हुई आबादी लिए अनाज, चारा, ईंधन इत्यादि उत्पन्न करना होगा । सभी बारानी क्षेत्रों में वर्षा कम और भरोसेमंद न होने के कारण पैदावार कम होती है और कभी-कभी तो फसलें भी फेल हो जाती हैं । कुछ क्षेत्रों में सूखा और बाढ़ एक ही मौसम में आ जाती हैं । इसके कारण भूमि, पानी और फसल का प्रबन्ध कठिन हो जाता है ।

बहुत से वर्षों से वर्षा के पानी से और हवा के कारण मृदा-अपक्षरण होता रहा है । इस कारण ये भूमियाँ पौधों के पोषक तत्वों में शोचनीय दिशा में हैं । ज्यादातर शुष्क क्षेत्रों की भूमियाँ क्लास III, IV और V दर्जे की हैं, जो फसल पैदा करने के लिये उपयुक्त नहीं हैं । इन क्षेत्रों में भूमि-पानी और पोषक तत्वों की अधिक कमी का होना ही कम उत्पादिता का एक मुख्य कारण है । इसके अलावा, इन भूमियों में वर्षा उपरान्त पपड़ी का बन जाना, खरपतवारों का अधिक होना, कुछ अवधि के लिए पानी का रुक जाना इत्यादि और भी कुछ कारण हैं ।

उत्पादिता में स्थिरता लाने के लिए और निरन्तर उच्च कोटि पर बनाए रखने के लिए यह आवश्यक है कि हम पौधों के वातावरण जिसमें वे उगते, बढ़ते और फलते-फूलते हैं, भली-भाँति जाने और समझें । इस समय हमारे पास भारत के सभी शुष्क क्षेत्रों के बारे में इस सम्बन्ध में पूरी जानकारी नहीं है । हाल ही में भारतीय कृषि अनुसंधान परिषद्, देहली, ने नार्प (NARP) के अन्तर्गत भारत को 16 मुख्य और 126 उप खण्डों में बांटा है जो सस्य पारिस्थितिकी पर आधारित है । सातवीं पंचवर्षीय योजना के मध्य-मूल्यांकन समय योजना आयोग (Planning Commission) ने सस्य-जलवायु के आधार पर देश को 15 मुख्य भागों में बांटा है, जिसके प्रकृति-वर्णन और जलवायु मुख्य आधार थे । हाल ही में नेशनल ब्यूरो ऑफ साईल सर्वे और लैन्ड यूज प्लानिंग (NBSS & LUP), नागपुर ने देश का 21 क्षेत्रों में विभाजन किया है, जिसके मुख्य आधार प्रकृति-वर्णन, मृदायें और उनकी विशेषताएं, जलवायु, फसल पैदा होने की अवधि इत्यादि हैं । हर क्षेत्र में फसल उत्पादन का वातावरण भिन्न होगा और उसे हमें भली-भाँति समझना होगा । हर क्षेत्र में फसल उत्पादिता न बढ़ने सम्बन्धी कारक ढूँढ़ने होंगे और उन पर कार्य करना होगा । इसलिए सबसे पहले हर क्षेत्र की उत्पादिता क्षमता, परिसीमाओं और प्रतिबन्धों को समझना होगा ।

उत्पादिता बढ़ाने के लिए हर क्षेत्र में उपलब्ध भूमि, जल और जलवायु का समावेश

करके उनका सुचारु रूप से उपयोग करना होगा। इसके लिए हर क्षेत्र के लिए पानी उपलब्धता अवधि एक दी हुई सम्भावित वर्षा पर, भूमि की विशेषताओं और उगाने वाली फसल के आधार पर निकालनी होगी।

पानी उपलब्धता अवधि के आधार पर हर क्षेत्र के लिए उपयुक्त फसलें, फसलों की उचित सस्य विधियाँ मालूम करनी होंगी ताकि उनकी पानी की माँग उपलब्ध पानी और उसकी अवधि के आधार पर पूरी हो सके। ऐसी सस्य विधियाँ विकसित करनी होगी जिनसे पानी की कमी के दुष्परिणाम फसल उत्पादिता पर कम से कभ हों। इसके लिए यह आवश्यक होगा कि हम पौधों की हर अवस्था सम्बन्धी जानकारी को जो भूमि जल, और जलवायु से प्रभावित होती है, भली प्रकार अध्ययन करें।

उपरोक्त योधननीति से यह विदित है कि हर सस्य-पारिस्थितिक क्षेत्र के लिए एक वातावरण-तालिका बनानी होगी जिसमें भूमि, जलवायु, फसलों सम्बन्धी सभी जानकारी उपलब्ध हो। भूमि की विशेषताएँ, गहराई, जल संरक्षण की क्षमता और फसल उत्पादिता बढ़ाने में बाधाएं, साप्ताहिक वर्षा (कम से कम पिछले 30 सालों का औसत), उसका मौसम की अवधि में बर्ताव, वर्षा-गति, सूखा पड़ने की आशंकाएं, अवधि इत्यादि, तापक्रम, हवा, हवा-आर्दता, फसलें जो उस क्षेत्र में पैदा होती हैं और उनकी अवधि, उत्पादन की क्षमता, कीट और बीमारी सम्बन्धी जानकारी, फसलों की क्रय-विक्रय व्यवस्था आदि के बारे में पूरी सूचना मिल सके। सबसे आवश्यक होगा कि पानी उपलब्धता अवधि के बारे में पूर्ण जानकारी मिल सके।

अनुसंधान के लिये अन्य आवश्यक दिशायें नीचे दी गई हैं :—

2. भूमि और जल संरक्षण:—

1. हर क्षेत्र के लिए भूमि और जल संरक्षण की उचित विधियाँ/प्रणालियाँ विकसित करना—सस्य और अभियान्त्रिक प्रविधियाँ जिनसे भूमि का संरक्षण हो और अपधाव का नुकसान कम हो।
2. हर किस्म की भूमि और वर्षा परिस्थितियों के लिए उचित स्व-स्थाने जल संरक्षण की प्रविधियाँ विकसित करना।
3. भूमि और जल संरक्षण हेतु वर्धी और संधारी उपरोधकों के तुलनात्मक निष्पादन का अध्ययन।

भूमि और जल संरक्षण का महत्वपूर्ण कार्य केन्द्रीय भूमि और जल संरक्षण अन्वेषण संस्थान, देहरादून और उसके अन्य केन्द्रों पर हो रहा है। शुष्क क्षेत्रों के लिये फसल और भूमि स्व-स्थाने जल संरक्षण की प्रविधियाँ विकसित करने की आवश्यकता है।

सभी परिस्थितियों के लिए संधारी अवरोधकों की आवश्यकता नहीं। न केवल वर्धी के माध्यम से ही अपधाव अवरोधक का कार्य सम्पन्न हो सकता है। आवश्यकता है कि हर किस्म की भूमि और उसकी ढाल और वर्षा की मात्रा और गति को ध्यान में रखते हुए, ऐसे अवरोधक विकसित किये जायें जिनमें दोनों संधारी और वर्धी अवरोधक अपना भाग अपधाव

रोकने और जल संरक्षण में अदा कर सकें, संधारी सम्बन्धी कार्य कम से कम करना पड़े और वर्धी पदार्थ किसानों को आसानी से मिल सके। ध्यान रहे कि वर्धी अवरोधक की विशेष योग्यता यह होनी चाहिए कि वह अपधाव और अपधाव के साथ बहने वाली मिट्टी को दक्षतापूर्वक रोक सके।

3. फसलों का उत्पादन – उपयुक्त फसलों का चयन और प्रणाली:—

1. फसलों के उचित चयन के लिए और फसल प्रणाली विकसित करने के लिए मुख्य फसलों के निम्न पहलू अध्ययन करने होंगे:—

1.1 भूमि की विशेषताएं जैसे भूमि की गहराई, पानी रोक रखने की क्षमता और भूमि का ढलान।

1.2 भूमि और वर्षा की विशेषताएं ध्यान में रखते हुए अपधाव का/से नुकसान।

1.3 विभिन्न भूमियों के समय के साथ फसलों की जड़ों का विकास और भूमि से जल लेने का प्रतिरूप।

1.4 पौधों की प्रति इकाई संख्या, पानी की उपलब्धता, और पोषक देने से प्रभावित, समय के साथ, फसलों की पत्तियों का पर्ण-क्षेत्र देखना।

1.5 भूमि जल स्थिति, जड़ों का विकास, फसल का वितान और उद्वाष्पन मांग से प्रभावित फसलों का भूमि से पानी लेना।

1.6 फसल की विभिन्न अवधियों में पानी की कमी का फसल की उत्पादिता पर प्रभाव।

2. भूमि-पानी उपलब्धता के हिसाब से फसल प्रणालियों का विकास

3. अन्तराल फसल प्रणाली के लिए फसलों की उचित जातियों का चयन

4. मौथा, दूब और पारजैविक स्ट्राईगा जैसे खरपतवारों का नियंत्रण।

उपरोक्त अन्वेषण कार्यों में भूमि-पानी उपलब्धता के हिसाब से प्रत्येक क्षेत्र के लिए एक दक्ष और लाभप्रद फसल प्रणाली को विकसित करना है। इसके साथ-साथ सस्य विधियाँ जिनसे फसल की पैदावार एक इकाई जल के दृष्टिकोण से बढ़ाई जा सके, के अध्ययन और विकास की आवश्यकता है।

4. सर्वतोमुखी पोषक व्यवस्था प्रणाली:—

1. हर सस्य-जलवायु क्षेत्र के लिए उचित सर्वतोमुखी पोषक व्यवस्था प्रणाली विकसित करना जिसमें उर्वरक, दो दाल वाली फसलें, फसल-अवशिष्ट और गोबर की खाद का ठीक संतुलन हो।

2. फसल-अवशिष्ट उपयोग में लाने से भूमि-जल का संरक्षण और भूमि की भौतिक, रासायनिक और जैविक गुणों पर समय के साथ प्रभाव।

3. भूमि-जल के हिसाब से उर्वरक का प्रयोग ।
4. उर्वरक उपयोगिता और दक्षता बढ़ाने के उपाय ।

भारतीय बारानी कृषि अनुसंधान परियोजना केन्द्रों पर विभिन्न फसलों के लिए उर्वरक की उचित मात्रा, उनके देने का उत्तम ढंग और समय सम्बन्धी जानकारी प्राप्त की जा चुकी है । शुष्क खेती में फसल-अवशिष्ट पदार्थों का विशेष महत्व है । इस पर बहुत कम काम हुआ है । आवश्यकता है कि हर क्षेत्र के लिए विभिन्न भूमियों के लिए और फसल प्रणालियों के लिए एक सर्वतोमुखी पोषक व्यवस्था प्रणाली विकसित की जाये ताकि फसल की उत्पादिता बढ़ाई जा सके और भूमि की जल-संरक्षण करने की क्षमता और उर्वरकता बनी रह सके ।

5. जल संचयन और उसका पुनः उपयोगः—

1. कम वर्षा वाले क्षेत्रों के लिए अन्तरा-प्लाट और अन्तरा पंक्ति जल संचयन विधियों का विकास ।
2. संचयित पानी की हानि को रोकना/कम करना—
   (i) पानी के आश्च्याव द्वारा हानि रोकने के सरल उपाय ।
   (ii) विभिन्न भूमियों के लिए, सस्ता और टिकाऊ पदार्थ का चयन जो तालाब में अस्तर का काम सुचारू ढंग से कर सके ।
   (iii) उद्वाष्पन से हानि की रोकथाम—इसके लिए अभी तक ऐसा कोई पदार्थ नहीं मिला है जिसके प्रयोग से यह हानि कम हो सके ।
3. तालाब में संचयित पानी को उठाने का सस्ता और कार्यकुशल यंत्र का विकास/चयन और उसे कम से कम हानि से खेत तक पहुँचाना ।
4. भूमि, वर्षा जल गृह क्षेत्र की विशेषता और अपधाव के हिसाब से तालाब के नाप का चयन और उसके स्थापन का सस्ता और सही उपाय ।

जल संचयन और उसके पुनः उपयोग पर विभिन्न केन्द्रों पर काफी काम हुआ है । फिर भी बहुत कुछ करने को बाकी है । अभी तक जल संचयन की बड़े पैमाने पर एक भरोसेमंद योजना तैयार नहीं की जा सकी है । कहने को तो कई प्रकार के तालाब अस्तर पदार्थों पर कार्य किया जा चुका है । उनमें सबसे भरोसे वाले सीमेन्ट-कोन्क्रीट ही पाया गया । लेकिन यह सर्वयापी चलने वाला इलाज नहीं है । इस विषय पर अधिक अन्वेषण करने की आवश्यकता है । उद्वाष्पन रोकने के मामले में हम विफल रहे हैं । इस तरफ अधिक ध्यान देने की आवश्यकता है ।

6. भूमि उपयोग की वैकल्पिक विधियाँः—

1. हर सस्य-जलवायु क्षेत्र के लिए उचित एक या अन्य भूमि उपयोग की वैकल्पिक विधियों का विकास जिससे—
   (क) भूमि की उर्वरता का ह्रास न हो

(ख) भूमि का कटाव रोका जा सके

(ग) अनाज, चारा, ईंधन और पदार्थ साल भर उपलब्ध हो सकें

(घ) किसान की आमदनी निरन्तर बढ़ती रहे ।

2. एली-क्रापिंग के लिए, ल्युसीना के अलावा, अन्य पेड़ या झाड़ी का चयन।

3. कम वर्षा वाले क्षेत्रों के लिए पेड़ों और घासों का सुधार और उपयोगी वानि-चारण विधि का विकास हर क्षेत्र के लिए वहन क्षमता का स्थापना ।

भूमि उपयोग की वैकल्पिक विधियों पर 1981 से कार्य हो रहा है । इस ओर कुछ महत्वपूर्ण संकेत मिले हैं । इस कार्य को अधिक गति देने की आवश्यकता है ।

7. उन्नत कृषि यंत्र—

1. सस्य क्रियाओं में यथा समय और सुतथ्यता लाने के लिए कृषि यंत्रों का विकास ।

दो यंत्रों की विशेष आवश्यकता—

1. एक दक्ष बीज और उर्वरक बोने की ड्रिल
2. एक दक्ष निराई-गुड़ाई यंत्र ।

यों तो अब तक बहुत सी बीज और उर्वरक बोने की ड्रिल विकसित की जा चुकी हैं लेकिन उनमें दक्ष सुतथ्यता के दृष्टिकोण से ठीक है, वे इतनी महंगी हैं कि एक औसत किसान उन्हें खरीद नहीं सकता ।

अभी तक निराई-गुड़ाई के लिए एक दक्ष यंत्र का विकास नहीं हुआ । सीड ड्रिल तो माना महंगी है, परन्तु निराई-गुड़ाई के यंत्र जो विभिन्न केन्द्रों पर विकसित हुए हैं, सस्ते हैं, लेकिन किसानों ने उन्हें फिर भी नहीं अपनाया । इसका अर्थ यह है कि वे दक्ष नहीं हैं । आवश्यकता है एक अच्छी स्वीप विकसित करने की जिसे मामूली बैल चला सकें, खरपतवारों को काट कर नष्ट कर सकें और बोई हुई पंक्तियों पर मिट्टी चढ़ा सकें ।

8. जल-गृह व्यवस्था:—

यों तो जल-गृह क्षेत्र व्यवस्था सम्बन्धी कार्य केन्द्रीय बारानी कृषि अनुसंधान संस्थान, हैदराबाद और उसके केन्द्रों पर, और केन्द्रीय भूमि और जल संरक्षण संस्थान, देहरादून और उसके केन्द्रों पर, पिछले दशक में हुए हैं लेकिन इसका कोई नमूना विभिन्न क्षेत्रों और परिस्थितियों के लिए अभी तक नहीं निकल सका है । जल-गृह क्षेत्रों में निरन्तर जल संसाधनों का विकास और उनसे उत्पन्न भूमि-जल और जल पटल का समय-समय पर अवलोकन होते रहना चाहिये ।

भौतिक, जैविक और मनुष्य संसाधनों का विकास और उनका अध्ययन करना आवश्यक है । जल-गृह क्षेत्र में सभी संसाधनों की एक तालिका बनाना अति आवश्यक है । प्रत्येक जल-गृह क्षेत्र में ऐसे यंत्र लगाये जायें जिनमें बदलते प्रबन्धों और भूमि-उपयोगों और क्रियाओं

का प्रभाव पानी के स्तर पर नापा जा सके ।

किसी भी अन्तराल का प्रभाव जल-गृह क्षेत्र के जल स्तर पर पड़ता है । पुनर्वनरोपण से मृदा अपक्षरण और जल-आशयों में साद-निक्षेपह तो कम हो जायेगा, परन्तु अपधाव और भूमि पुन: प्रभरण भी घट जायेगा । एक प्रणाली के अन्तर्गत विभिन्न संसाधनों के विकास को कितना महत्व दिया जाये ताकि पानी का ठीक ढंग से उपयोग हो सके, इस विषय पर बहुत काम करना बाकी है ।

9. आर्थिक विश्लेषण:—

अभी तक उन्नतिशील शुष्क कृषि प्रणाली के विभिन्न अंगों का आर्थिक विश्लेषण हुआ है । यह किसानों को विश्वास दिलाने के लिए पर्याप्त नहीं है । पूरी प्रणाली का आर्थिक विश्लेषण जब तक नहीं होगा तब तक शुष्क कृषि की तकनीकी वहीं रहेगी जहाँ वह है । इसके लिए किसानों के खेतों पर और उनकी परिस्थितियों में ही तकनीकी को कम से कम 5 साल की अवधि के लिए कार्यान्वित करना होगा और उसके पश्चात् आर्थिक विश्लेषण सार्थक होगा । इस तरह के अध्ययन सभी वर्ग के किसानों के खेतों पर और सस्य-जलवायु क्षेत्रों में करने होंगे ।